Suresh Dadmal

HPR em Brinjal para o broto e a broca do fruto: um componente principal do IPM

AF526297

Suresh Dadmal

HPR em Brinjal para o broto e a broca do fruto: um componente principal do IPM

ScienciaScripts

Imprint

Any brand names and product names mentioned in this book are subject to trademark, brand or patent protection and are trademarks or registered trademarks of their respective holders. The use of brand names, product names, common names, trade names, product descriptions etc. even without a particular marking in this work is in no way to be construed to mean that such names may be regarded as unrestricted in respect of trademark and brand protection legislation and could thus be used by anyone.

Cover image: www.ingimage.com

This book is a translation from the original published under ISBN 978-3-659-85317-3.

Publisher:
Sciencia Scripts
is a trademark of
Dodo Books Indian Ocean Ltd. and OmniScriptum S.R.L publishing group

120 High Road, East Finchley, London, N2 9ED, United Kingdom
Str. Armeneasca 28/1, office 1, Chisinau MD-2012, Republic of Moldova, Europe
Managing Directors: Ieva Konstantinova, Victoria Ursu
info@omniscriptum.com

Printed at: see last page
ISBN: 978-620-8-37415-0

Copyright © Suresh Dadmal
Copyright © 2024 Dodo Books Indian Ocean Ltd. and OmniScriptum S.R.L publishing group

ÍNDICE

Resistência da planta hospedeira em Brinjal à broca do rebento e do fruto: Um componente principal do IPM

Capítulo I

Introdução

Depois da China, a Índia é o segundo maior produtor de vegetais do mundo. No entanto, o consumo é muito menor do que a recomendação (285 g por dia/cabeça) sugerida pelo ICMR (Hansraj, 2000). Os vegetais, parte integrante da nossa dieta diária, estão a ser consumidos por quase todos os estratos da sociedade. Entre os legumes, a beringela (*Solanum melongena* Linn.) da família das solanáceas, nativa da Índia (Thomson e Killey, 1957), ocupa uma parte importante da dieta indiana. Na Índia, a couve-brinjal é cultivada durante todo o ano, nas épocas de *kharif, rabi* e verão, numa área de 5 lakh ha, com uma produção de 5,44 milhões de toneladas. A couve-brinjal é um legume de base na nossa alimentação desde a antiguidade. Também faz parte da dieta de povos como a França, a Itália, a China e a América. Cem gramas da parte comestível da couve-brinjal têm um potencial de fornecimento de 4,0 g de hidratos de carbono, 1,4 g de proteínas e vitaminas A, B e C (Arycord, 1983). A couve-galega também fornece os minerais Ca (10,8 a 44,1 mg), Mg (8,8 - 69,5 mg), K (4,0 - 8,0 mg), Na (5,1 - 11,7 mg) e P (8,3-19,1 mg), que variam de cultivar para cultivar. Assim, o consumo de plantas de ovos pode ajudar a satisfazer as necessidades minerais do corpo humano. Na semente de brinjal, o teor de óleo varia de 21,2 a 28 por cento. Foi observada uma percentagem comparativamente mais elevada de ácidos gordos insaturados do que a do óleo de girassol, amendoim e soja no óleo de sementes de beringela. A qualidade do óleo de semente de beringela foi considerada muito boa do ponto de vista da saúde. Assim, a planta do ovo tem também perspectivas como fonte não tradicional de óleo comestível (Tomar e Kalda, 1996). Além disso, a beringela é conhecida pelo seu valor medicinal contra problemas de fígado, dores de dentes e diabetes (Chaudhari, 1977). Por conseguinte, a planta do ovo tem um amplo espetro de utilização para a manutenção da saúde humana e é essencialmente uma fonte de comércio económico para os agricultores.

Entre as principais limitações da cultura económica, a infestação por pragas causa grandes perdas. As principais pragas de insectos do brinjal são a broca do rebento e do fruto (*Leucinodes orbonalis* Guenee), a mosca branca (*Bemisia tabaci* Genn.), o jassídeo (*Amrasca biguttula biguttula* Ishida) e o pulgão (*Aphis gossypii* Glov.) (Agnihotri, 1999). Destes, a broca do rebento e do fruto da brinjal (BSFB), *L. orbonalis* (Lepidoptera: Pyralidae) é o inseto praga mais destrutivo, distribuído por toda a Índia e associado a vários hospedeiros como a brinjal, a batata, o tomate, a cabaça amarga, o kakhari e as vagens de ervilha (Mehta, 1958 e Butani e Verma, 1976). A praga está ativa durante todo o ano, particularmente sob temperaturas e humidade elevadas, causando grandes danos às culturas de brinjal na Índia, África do Sul, Congo e Malásia (Butani e Jotwani, 1984).

A broca inicia o seu ataque na planta do ovo desde a fase de viveiro e continua ao longo de todas as fases de crescimento da planta e do período de frutificação. O seu ataque, particularmente aos frutos, resulta numa perda considerável para o produtor. As perdas na produção de frutos registadas por trabalhadores anteriores são de 63% em Haryana (Dhankar *et al.*, 1977), 61% em Punjab (Singh e Guram, 1967), 54% em Tamil Nadu

(Srinivasan e Gowder, 1959) e 37% em Karnataka (Krishnaiah *et al.* 1978). Enquanto na zona nordeste de Ghat, em Orissa, foram registados 30-50 % (Mishra e Mishra, 1996) e em Bengala, 50 % de danos nos frutos (Some Choudhary, 1973). Também em Maharashtra, Mote (1981) registou perdas de 48 %.

Devido à natureza grave do problema da praga e ao carácter de ação rápida dos produtos químicos sintéticos, estes são amplamente preferidos para combater a praga (Satrosiswojo, 1994). No entanto, a eficácia do método tem sido largamente prejudicada devido ao comportamento alimentar interno da broca. A sua exposição repetida a produtos químicos sintéticos de largo espetro levou à contaminação ambiental, à bioacumulação e biomagnificação de resíduos tóxicos e à perturbação do equilíbrio ecológico. Este facto levou ao desenvolvimento de um apelo social urgente para procurar um método alternativo e mais seguro.

Recentemente, o interesse pelo desenvolvimento de resistência das plantas de ovos a esta praga aumentou devido à utilização indiscriminada de insecticidas. As plantas de ovos cultivadas para fins de mesa ou de semente recebem pulverizações gerais de produtos químicos para as proteger durante todo o seu crescimento. Os obtentores têm geralmente em conta o desenvolvimento das variedades para obterem rendimento e aparência de acordo com as preferências dos consumidores e negligenciam a sua tolerância ao ataque da broca. Muitas dessas variedades revelaram-se altamente susceptíveis à praga. A fim de criar variedades tolerantes ou resistentes, a seleção do material vegetal é um requisito fundamental. Além disso, sendo a brinjal uma planta autóctone, existe uma grande diversidade genotípica para a seleção de genótipos tolerantes com vista ao desenvolvimento de uma variedade desejável.

A capacidade da planta para resistir ao ataque de insectos deve-se a certas caraterísticas fenotípicas/genotípicas ou bioquímicas que exercem efeitos desfavoráveis sobre os insectos. A fenologia dos insectos deve estar sincronizada com a fenologia das plantas hospedeiras. Qualquer perturbação a este respeito perturbaria a vida do inseto. Painter (1951) descreveu três mecanismos de resistência das plantas hospedeiras: não-preferência, antibiose e tolerância. O termo não-preferência foi posteriormente substituído por antixenose.

A elevada resistência à broca do rebento e do fruto em variedades de brinjal cultivadas é rara, como se pode ver na literatura. No entanto, vários trabalhadores relataram uma elevada resistência a este inseto ao nível das espécies selvagens *de Solanum*. As variedades resistentes e tolerantes constituem a componente de base da proteção integrada (IPM), sobre a qual se devem desenvolver outras componentes. A utilização de variedades de culturas resistentes ou menos susceptíveis geralmente tem menos pragas de insectos e, por conseguinte, pode ser gerida facilmente. Contribui de forma útil para a GIP de duas maneiras: reduz a quantidade de insecticidas e melhora o desempenho dos inimigos naturais. Mesmo um baixo nível de tolerância nas plantas tem um efeito dramático na eficiência dos inimigos naturais em matar os seus hospedeiros, o que, de facto, reduz a necessidade de insecticidas (Srivastava, 1993).

A resistência da planta hospedeira é, por si só, um excelente método de supressão de pragas e, quando integrada com outros métodos de controlo de insectos, oferece uma abordagem sólida para lidar com as pragas de insectos. As variedades resistentes aos insectos proporcionam um controlo das pragas essencialmente sem custos para os agricultores (Prem Kishore, 2001). Esta abordagem tem um grande potencial para a brinjal. As vantagens mais importantes da utilização de variedades resistentes no MIP são a especificidade, o efeito cumulativo, a persistência, a harmonia com o ambiente, a facilidade de adoção e a compatibilidade com outras tácticas de gestão de pragas (Dhaliwal e Arora, 1996). Dado que o controlo da broca com insecticidas é difícil, a conveniência de controlar esta praga através da adoção de técnicas de gestão de pragas, como a resistência da planta hospedeira, tem sido defendida (Singh e Sidhu, 1986).

Tendo em conta este facto, foi planeada a realização das presentes investigações, que serão úteis na formulação dos módulos IPM contra a broca do rebento e do fruto e para os criadores desenvolverem cruzamentos resistentes utilizando a fonte de resistência. Os estudos bioquímicos sobre diferentes graus de variedades de brinjal serão úteis do ponto de vista académico e como pista para avaliar as cultivares resistentes, tolerantes e susceptíveis.

Capítulo II

Seleção no terreno de genótipos de Brinjal

2.1Infestação na fase de plântula

As plântulas foram observadas quanto à infestação da broca nos canteiros elevados. No entanto, não se registou qualquer infestação na fase de plântula, o que pode dever-se ao facto de a cultura não ser adequada à praga. No entanto, Singh e Kalda (1997) relataram que a Pusa Purple Cluster era resistente mesmo na fase de plântula.

2.1.2 Infestação no rebento

Os dados (Quadro-1) indicaram que a infestação de rebentos variou entre 0,0 e 8,79 por cento. Entre as fontes selvagens, Arka Mahima, Arka Sanjivani e *S. incanum* apresentaram resistência total. Estas constatações corroboram os resultados de Kale *et al.* (1986a), que referiram que as espécies selvagens *S. incanum e S. khasianum* não apresentavam infestação nos rebentos. Da mesma forma, Behera *et al.* (1999b) também verificaram que estas espécies selvagens eram resistentes na fase vegetativa. Do grupo tolerante, Chu-Chu, PPL, PPC, Black Beauty e PK tiveram a infestação variando de 0,87 a 1,07 por cento. Opiniões semelhantes foram reveladas por Dhooria e Chadha (1981), Nathani (1983), Behera *et al.* (1999b) e Muralikrishna *et al.* (2001). A Pusa Purple Long foi considerada a mais tolerante na fase vegetativa, enquanto a PPC apresentou uma reação moderadamente tolerante e o híbrido indo-americano foi altamente suscetível (Subbaratnam e Butani, 1981).

A reação moderadamente tolerante foi exibida pelas variedades híbridas (Chaitanya Sel.-5, Brinjal Kateri, Kalpataru e Ravaiya) na fase vegetativa e a infestação variou de 2,25 a 3,09 por cento. No entanto, os resultados não puderam ser comparados devido à falta de literatura relevante.

Foi observada uma reação comparativamente suscetível nas variedades/híbridas viz., Suruchi-10, Manjari Gota, Aruna, Indam-35F_1 , MEBH-11 MHB-99, MEBH-16 e Gudadhi Local. A infestação nestas variedades variou de 3,46 a 4,65 por cento. Raut e Sonone (1980) registaram 18,13% de danos na variedade suscetível Majari Gota. Os híbridos tolerantes tinham rebentos duros a semi-duros e pubescência média a densa. Ghosh e Senapati (2001) também relataram que os híbridos em geral tinham menor suscetibilidade devido a rebentos semi-duros. A cor púrpura das folhas também influenciou a infestação de rebentos, que foi comparativamente mais baixa no PPC e no Black Beauty. Isley (1928) também referiu que a cor das folhas contribui para a resistência das plantas contra as pragas de insectos.

2.1.3 Infestação da broca do fruto em diferentes genótipos

Foram observadas tendências semelhantes na infestação de frutos com base no número e no peso, como ficou claro nos graus das cultivares/híbridos e espécies silvestres. Os diferentes graus de infestação de frutos com base no número são apresentados abaixo.

1. Imune

Os derivados de *S. khasianum* (Arka Mahima e Arka Sajivani) mostraram uma reação imune contra BSFB.

Isto já foi relatado por trabalhadores anteriores (Lal *et al.*, 1976; Kale *et al.*, 1986) especialmente a reação imunitária de *S. khasianum* que possuía caracteres semelhantes aos encontrados em Arka Mahima e Arka Sajivani. Thakre e Khode (1992) também relataram *S. khasianum* e seus derivados livres da praga.

2. Altamente resistente

O grupo era composto por PPC, *S. incanum*, PK, PPL, Black Beauty, Kalia F1, Brinjal Chamki, Chu-Chu, Ravaiya, MEBH-11, e MHB-99, MEBH-16, Kalpataru e Manju-F_1 . Entre elas, a PPC teve a infestação mais baixa (1,25%), o que já foi relatado por trabalhadores anteriores (Gill e Chadha, 1979, Nathani 1983; Yein e Rathaiah, 1984; Kale *et al.*, 1986; Dash e Singh, 1990; Jyani *et al.*, 1995; Patel *et al.*, 1995; Kumar *et al.*, 1997; Mathur e Upadhyay, 1999, e Sharma *et al.*, 2001). No caso de *S. incanum*, uma espécie selvagem de brinjal, os resultados actuais também corroboram os dos trabalhos anteriores (Lal *et al.*,1976, Behera *et al.*, 1999b e Sridhar *et al.*, 2001).

A infestação em PK e PPL variou de 2,43 a 2,57 por cento e mostrou uma reação altamente resistente. Singh e Sikka (1955) e Mehto e Lall (1981) registaram a PPL como cultivar resistente. Subbaratnam e Butani (1981) relataram que Pusa Kranti era resistente à BSFB. Observações semelhantes foram registadas por Reddy *et al.* (1988) e Patel *et al.* (1995), que estão muito próximas das presentes conclusões. A Black Beauty também foi considerada altamente resistente, como já havia sido relatado por trabalhadores anteriores (Mote, 1981, Duodu, 1986).

A resistência da planta hospedeira em Kalia F_1 , Brinjal Chamki, Chu-Chu, Ravaiya, MEBH-11, MHB-99, MEBH-16, Kalpataru e Maju F_1 não pôde ser discutida devido à escassez de literatura relevante. No entanto, Ghosh e Senapati (2001) relataram que os híbridos tinham menor suscetibilidade devido à pele dura dos frutos.

3. Bastante resistente

Este grupo era composto por Aruna, Indam-35, Manjari Gota e Brinjal Kateri. Aruna registou a infestação mais baixa (10,24 %) em comparação com as outras cultivares. Shelke (1989) registou danos mínimos em "Aruna", em comparação com outras variedades. Doshi *et al.* (2002) registaram que 'Aruna' é uma cultivar bastante resistente, com 18,66% de infestação de frutos, e Manjari Gota com 18,80% de infestação de frutos. Kale *et al.* (1986a) registaram 15,69 % de infestação de frutos em Manjari Gota e classificaram-na como razoavelmente resistente nas condições de Akola. Os resultados actuais estão, portanto, muito próximos dos resultados obtidos pelos trabalhadores anteriores.

4. Tolerante

Este grupo era composto por 'Gudadhi Local' e Suruchi-10 com 22,69 e 25,28 por cento de infestação de frutos, respetivamente. No entanto, devido à escassez de informação relativamente a estas duas cultivares, não foi possível comparar a sua suscetibilidade. **5. Susceptíveis**

Esta categoria tinha apenas uma variedade, a "Puneri Kateri", que apresentava a maior infestação dos frutos em termos de número (32,11 %). Os frutos desta variedade têm uma forma esférica oblonga, com polpa mole dentro de casca mole. A disposição das sementes no interior do fruto é comparativamente frouxa, o que conferiu suscetibilidade à variedade. No entanto, a suscetibilidade desta variedade não pôde ser comparada devido à escassez de literatura.

De acordo com os caracteres morfológicos determinados na beringela, o genótipo que tinha rebentos duros a semi-duros com pubescência densa nas folhas mostrou uma reação resistente. Os frutos compridos com largura estreita e frutos pequenos com uma disposição de sementes muito compacta mostraram uma reação imune a altamente resistente. Resultados semelhantes foram também registados por Pradhan (1969), que referiu que as variedades com frutos compridos e estreitos de brinjal eram menos infestadas do que as variedades com forma esférica. Pelo contrário, as variedades como "Gudadhi Local", Suruchi-10 e "Puneri Kateri", que apresentavam rebentos moles, maior quantidade de polpa de fruto e uma disposição frouxa das sementes, revelaram uma reação suscetível em comparação com outras variedades.

Quadro 1: Classificação dos genótipos de brinjal com base no nível de infestação dos frutos pela BSFB

Grau	Categoria	Genótipo de Brinjal (% de infestação dos frutos)	
		Base numérica	**Base de peso**
1.	Imune (0 % de infestação de frutos)	Arka Mahima (0,0 %)	Arka Mahima (0,0 %)
		Arka Sanjivani (0,0 %)	Arka Sanjivani (0,0 %)
2.	Altamente resistente (1 a 10 % de infestação de frutos)	Pusa Purple Cluster (1,25 %)	Aglomerado roxo de Pusa (1,31 %)
		S. incanum (1,62 %)	*S. incanum* (1,76%)
		Pusa Kranti (2,43%)	Pusa Kranti (2,72%)
		Pusa Purple Long (2,57 %)	Pusa Purple Long (2,72 %)
		Beleza negra (4,10 %)	Beleza negra (3,58%)
		Kalia Fi híbrido (4,31 %)	Kalia F_1 híbrido (4,99 %)
		Brinjal Chamki (5,07 %)	Brinjal Chamki (5,71 %)
		Híbrido de Ravaiya (5,09 %)	Híbrido de Ravaiya (5,38 %)
		MEBH-16 (5,28%)	MEBH-16 (5,41 %)
		MHB-99 (5,51%)	MEBH-99 (6,54%)
		Chu-Chu (5,54%)	Chu-Chu (5,15 %)
		MEBH-11 (7,00 %)	MEBH-11 (7,16%)
		Chaitanya Sel-5 (7,14%)	Chaitanya Sel-5 (7,90 %)
		Kalpataru (8,57 %)	Kalpataru (8,25 %)
		Manju F1 (8,13%)	Manju F_1 (8,48 %)
3.	Razoavelmente resistente (11 a 20 % de infestação dos frutos)	Aruna (10,24%)	Aruna (11,02%)
		Indam-35 F_1 (10,85 %)	Indam-35 (10,83%)
		Manjarigota (11,43%)	Manjarigota (11,72 %)
		Brinjal Kateri (11,99 %)	Brinjal Kateri (11,72 %)
4.	Tolerante (21 a 30 % de infestação dos frutos)	Gudadhi Local (22,69 %) Suruchi-10 (25,28 %)	Gudadhi Local (22,38 %)
			Suruchi-10 (25,29%)
5.	Suscetível (31 a 40 %	Puneri Kateri (32,11%)	Puneri Kateri (32,70 %)

	de infestação dos frutos)		

Fonte: Dadmal *et.al.*(2004)

2.1.4 Rendimento de frutos comercializáveis

Os dados (quadro 2) mostram que "Pusa Kranti" produziu o maior rendimento, seguido de Ravaiya hybrid, Chu-Chu, PPC, Kalia Fi hybrid, Aruna, PPL, Maju F_1, Brinjal Chamki, MHB-99, Chaitanya Sel.-5, Indam-35, Kalpataru, Black Beauty, MEBH-11, Suruchi-IO, Brinjal Kateri, Manjari Gota, Gudadhi Local, MEBH-16 e Puneri Kateri.

Já foram comunicados por trabalhadores anteriores (Raut e Sonone, 198O e More, 1991) rendimentos comparativamente mais elevados de Pusa Kranti e Aruna do que de outras variedades, que estão muito próximos dos resultados actuais. Os dados indicam que as variedades que registaram uma tendência mais elevada de rendimento eram altamente tolerantes aos danos da praga, exceto o híbrido MEBH-16, que deu um rendimento comparativamente fraco, embora a sua reação à praga fosse comparativamente resistente. Isto pode ser atribuído aos caracteres genéticos que conferem suscetibilidade e inadequação para o cultivo nesta região. No entanto, o resto das variedades de baixo rendimento mostraram suscetibilidade à praga. Resultados mais ou menos semelhantes foram registados por Panda *et al.* (1971), Raut e Sonone (1980) e More (1991).

A Pusa Kranti e a Chu-Chu registaram uma infestação de frutos ligeiramente superior à da PPC. No entanto, as primeiras variedades produziram mais do que as últimas. Isto pode talvez dever-se à potencialidade de produção de uma variedade individual e à tolerância aos danos causados pela praga.

Os híbridos Ravaiya e Kalia-F_1 tiveram um melhor desempenho em comparação com as outras variedades. No entanto, os rendimentos mais baixos foram registados em Suruchi-1O, Gudadhi Local e Puneri Kateri, devido aos fortes danos causados pela praga.

Os resultados globais indicaram que Pusa Kranti, Ravaiya híbrido, Chu-Chu, PPC, Kalia-F_1 híbrido, Aruna e PPL emergiram como os genótipos mais promissores.

Quadro 2: Rendimento de frutos comercializáveis obtidos de diferentes genótipos de brinjal

N.º de tratamento	Genótipo	Rendimento (kg/ planta)		Média agrupada (kg/planta)
		Estação *Kharif*	Época *Rabi*	
V_1	**Agregado roxo de Pusa**	**1.023**	**0.997**	**1.010**
V_2	**Pusa Kranti**	**1.225**	**1.030**	**1.128**
V_3	**Suruchi-10**	**0.852**	**0.786**	**0.819**
V_4	**Puneri Kateri**	**0.793**	**0.669**	**0.729**
V_5	**Pusa Purple Long**	**1.042**	**0.897**	**0.986**
V_6	**Chaitanya Sel-5**	**0.921**	**0.823**	**0.872**
V_7	**Manjari Gota**	**0.838**	**0.751**	**0.795**
V_8	**Beleza Negra**	**0.863**	**0.808**	**0.835**

V_9	**Brinjal Chamki**	**0.881**	**0.971**	**0.926**
V_{10}	**Brinjal Kateri**	**0.791**	**0.804**	**0.798**
V_{11}	**Aruna**	**1.169**	**0.824**	**0.996**
V_{12}	**Chu-Chu**	**1.156**	**0.896**	**1.026**
V_{13}	**Indam-35 F_1**	**0.903**	**0.840**	**0.872**
V_{14}	**Ravaiya**	**1.305**	**0.947**	**1.126**
V_{15}	**MEBH-11**	**0.767**	**0.884**	**0.825**
V_{16}	**MHB-99**	**0.881**	**0.956**	**0.919**
V_{17}	**MEBH-16**	**0.676**	**0.781**	**0.729**
V_{18}	**Kalpataru**	**0.874**	**0.830**	**0.852**
V_{19}	**Manju-F_1**	**0.984**	**0.875**	**0.929**
V_{20}	**Kalia-F_1**	**1.026**	**0.967**	**0.997**
V_{21}	**Gudadhi Local**	**0.777**	**0.781**	**0.779**
V_{22}	**Arka Mahima (*5. Khasianum*)**	**0.847**	**0.875**	**0.878**
V_{23}	**Arka Sanjivani (*5. Khasianum*)**	**0.756**	**0.778**	**0.767**
V_{24}	***5. incanum***	**0.915**	**0.968**	**0.942**
	Teste "F" SE + m CD a 5 % CV %	**Sig. 0.067 0.188 12.49**	**Sig. 0.054 0.152 10.84**	**Sig. 0.043 0.122 11.77**

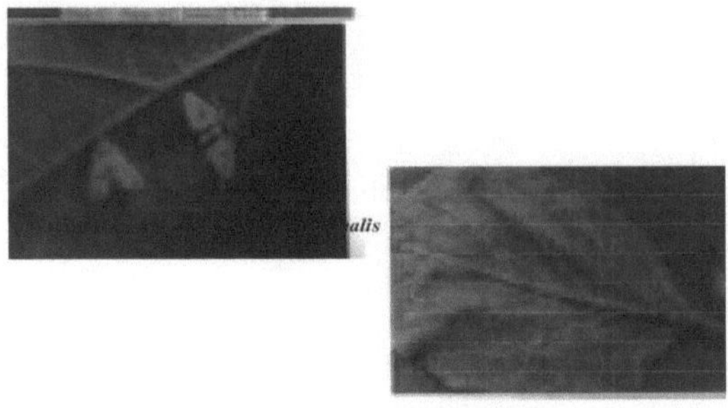

Eggs of *Leucinodes orbonalis*

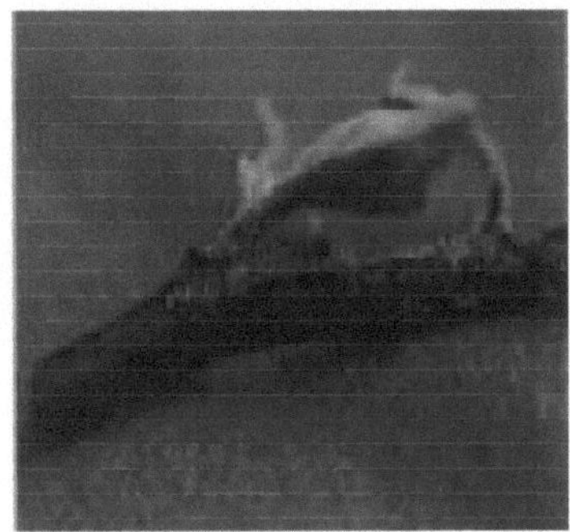

Larva of *Leucinodes orbonalis*

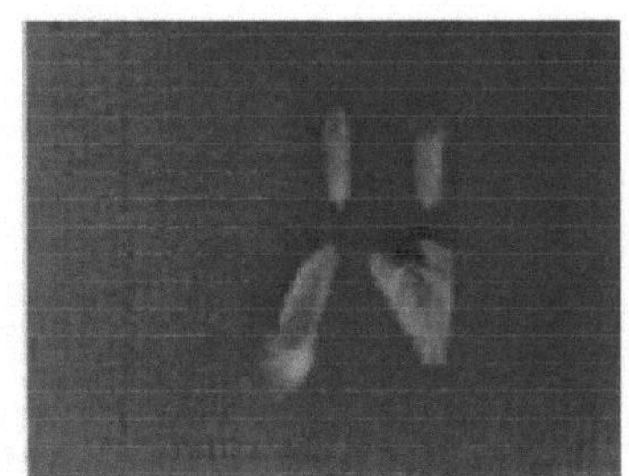

Pupae of *Leucinodes orbonalis*

Placa 1: Estágios *de Leucinodes orbonalis* em brinjal **(Fonte: Dadmal,2003)**

Immune genotype

Highly Resistant

Placa 2: Várias cultivares de brinjal **(Fonte: Dadmal,2003)**

Infested shoot of Puneri Kateri

Promising Brinjal Cv. Pusa kranti

Promising Brinjal Cv. PPC

Placa 3: Várias cultivares de brinjal **(Fonte: Dadmal,2003)**

Capítulo III

3.1 Bases de resistência

Os estudos sobre duas importantes bases de resistência (morfológica e bioquímica) foram realizados utilizando cinco cultivares selecionadas de diferentes graus de HPR.

3.1.1 Base morfológica/anatómica da resistência

Vários caracteres morfológicos e anatómicos (quadros 3 e 4 do apêndice) influenciaram o comportamento de resistência dos diferentes genótipos.

3.1.2 Caracteres morfológicos/anatómicos que influenciam a infestação dos rebentos 3.1.2.1 Caraterísticas do tricoma

A densidade de tricomas, o comprimento dos tricomas e, em última análise, a pilosidade da folha com pegajosidade influenciaram fortemente a oviposição, bem como o movimento das larvas neonatas para chegar ao local de perfuração (rebento apical). A pilosidade densa dos tricomas (651,85) nas folhas de Arka Mahima, uma cultivar silvestre imune, não favoreceu a oviposição das traças fêmeas e depois as larvas neonatas alcançaram o local de perfuração normal, indicando que os tricomas desempenham um papel vital na transmissão de resistência das plantas à praga.

Um carácter semelhante do tricoma foi encontrado na cv. PPC (418,69). Estabeleceu-se uma forte correlação negativa entre a infestação de rebentos e a pilosidade das folhas.

Panda e Das (1974) fizeram constatações semelhantes e observaram que os tricomas actuavam como uma barreira para as larvas recém-eclodidas chegarem ao local de perfuração. Mote (1981), Isahaque e Choudhari (1984a), Duffey (1986) e Kale *et al.* (1986a) relataram que as variedades resistentes tinham um grande número de pêlos na superfície inferior da folha.

Jyani *et al.* (1995) observaram que o comprimento do tricoma e a pilosidade da folha eram maiores nas variedades resistentes Doli-5 (406,73), PPC (345,94) e Junagad long (333,43) em comparação com as variedades susceptíveis.

Kale *et al.* (1986b) verificaram que os tipos selvagens imunes e as variedades altamente resistentes tinham uma pubescência densa e tricomas erectos, o que corrobora os presentes resultados.

3.1.2.2 Espessura do rebento

A espessura máxima do rebento (0,56 cm) foi registada na cultivar suscetível Puneri Kateri, seguida da Gudadhi Local (0,55 cm). Os rebentos frouxos destas cultivares permitiram que as larvas inserissem as suas partes bucais muito facilmente no interior do rebento e proporcionaram mais espaço para o movimento das larvas. Este tipo de larvas teve um crescimento e desenvolvimento melhorados.

Os rebentos que eram geralmente espessos e menos compactos revelaram-se vulneráveis ao ataque da broca do rebento. Uma espessura menor com mais compacidade, acompanhada de tricomas no rebento apical, encontrada nas cultivares selvagens (Arka Mahima), impediu a larva neonata de inserir as partes bucais no rebento. Os tricomas também actuaram como uma barreira para as larvas enquanto entravam no interior do rebento.

Uma relação positiva entre a espessura do rebento e a infestação de pragas já foi registada por trabalhadores anteriores. Panda *et al.* (1971) e Malik *et al.* (1986) relataram que a espessura do rebento variava entre 0,29 e 0,57 cm em tipos tolerantes e susceptíveis, respetivamente. Patil e Ajri (1993) relataram que a espessura do rebento na variedade mais suscetível era maior (0,59 cm) do que na variedade menos suscetível (0,28 cm).

3.1.2.3Resistência do rebento

Observou-se nos presentes estudos que a suavidade e a dureza do rebento desempenharam um papel importante na transmissão de resistência contra a broca do rebento. O rebento duro e resistente de uma cultivar selvagem protegeu a planta do ataque da broca do rebento. A broca não podia inserir as suas partes bucais dentro deste tipo de rebento. Pelo contrário, os rebentos moles das variedades susceptíveis, Puneri Kateri e Gudadhi Local tolerante, foram mais danificados pela praga. A cultivar altamente resistente 'PPC' e a cultivar razoavelmente resistente 'Aruna', que tinha rebentos semi-duros, foram comparativamente menos danificadas pela broca. Ghosh e Senapati (2001) expressaram opiniões semelhantes.

3.1.2.4Compacidade das células no rebento

As observações microscópicas das secções transversais do rebento indicaram que o hipoderma esclerenquimatoso na cultivar selvagem imune 'Arka Mahima' tinha células lignificadas bem compactadas com feixes vasculares bem compactados. Além disso, o rebento de Arka Mahima possuía tricomas mais compridos e densos que actuavam como barreira à broca. Pelo contrário, no caso da variedade suscetível (Puneri Kateri), observaram-se células esclerenquimatosas soltas e maiores (placa 4).

Resultados semelhantes foram registados por Panda *et al.* (1971). Isahaque e Choudhari (1984) também observaram que as variedades resistentes tinham feixes vasculares altamente lignificados e compactos.

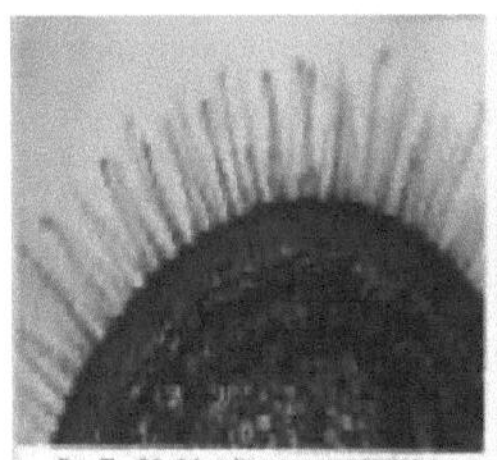

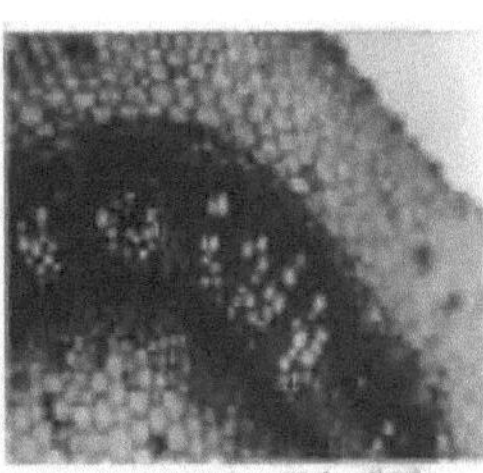

Placa 4: Tricomas e compactação de células em rebentos de brinjal

(Fonte: Dadmal,2003)

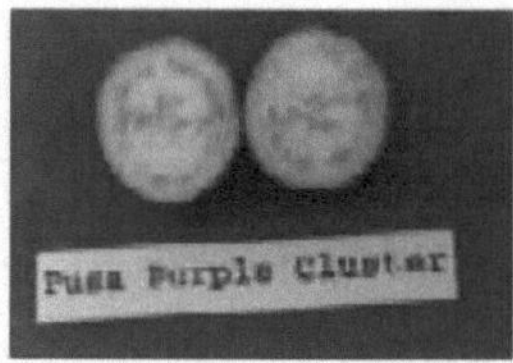

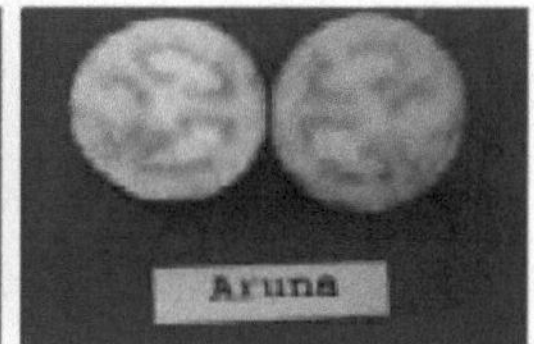

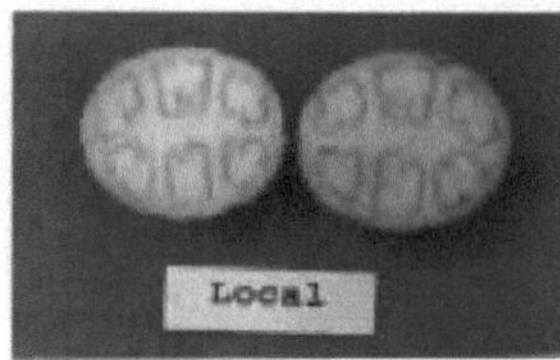

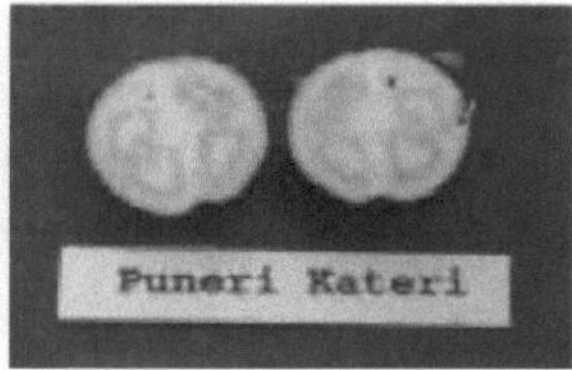

Placa 5: Disposição das sementes em vários genótipos de brinjal (Fonte: Dadmal,2003)

3.1.3 Caracteres morfológicos que influenciam a infestação dos frutos

3.1.3.2 Diâmetro do fruto

Foi observada uma forte correlação positiva (Quadro 5) entre o diâmetro dos frutos e a infestação da praga em diferentes genótipos. Foi observada uma suscetibilidade crescente com o aumento do diâmetro dos frutos (2,04 a 5,06 cm), exceto no Gudadhi Local (5,40cm).

Uma correlação semelhante já foi relatada por Sharma *et al.* (1985). O tipo resistente tinha um diâmetro de fruto de 2,08 cm, enquanto as variedades susceptíveis tinham um diâmetro de até 5,44 cm (Malik *et al.*, 1986). As variedades susceptíveis (Manjari Gota, ABV-4) tinham um diâmetro de fruto mais elevado do que as cultivares resistentes (Aruna e Vaishali) (Shelke, 1989). Uma correlação positiva entre a circunferência do fruto e o grau de suscetibilidade foi relatada por Patil e Ajri (1993), o que apoia os presentes resultados.

Quadro 5 : Correlação entre a infestação de frutos e os caracteres morfológicos dos frutos de genótipos de brinjal

N.º de tratamento	Genótipo	Infestação dos frutos (%)	Diâmetro do fruto (cm)	Comprimento do fruto (cm)
V_1	Arka Mahima (Imune)	0	2.04	1.87
V_2	PPC (altamente resistente)	1.25	3.00	11.40
V_3	Aruna (Razoavelmente resistente)	10.24	3.43	4.42
V_4	Gudadhi Local (Tolerante)	22.69	5.40	5.50
V_5	Puneri Kateri (Suscetível)	32.11	5.06	5.77
		Teste "F	Sig.	Sig.
		SE ± m	0.05	0.10
		CD a 5 %	0.15	0.29
		CV %	2.96	3.64
	Coeficiente de correlação a 5 % (r =)		0.92557*	-0.07397

(* indica uma correlação significativa)

3.1.3.3 Comprimento dos frutos

Foi observada uma correlação negativa fraca entre o comprimento dos frutos e os danos causados pela praga, que foi evidente apenas na variedade Pusa Purple Cluster (11,40 cm). Pradhan (1969) revelou o comportamento resistente das variedades de brinjal com frutos longos e estreitos. Dhooria e Chadha (1981) verificaram que as variedades de brinjal com frutos compridos eram menos atacadas pela broca dos frutos do que as variedades com frutos redondos. Isahaque e Choudhari (1984) referiram igualmente que os frutos das variedades redondas, oblongas e ovais eram mais atacados do que os frutos delgados. De acordo com Malik *et al.* (1986), uma variedade menos propensa à broca tinha um comprimento de fruto de 9,48 cm. Por sua vez, Shelke (1989) concluiu que as variedades com frutos compridos eram mais tolerantes ao ataque da BSFB do que as variedades com frutos mais curtos. Uma correlação fraca e negativa entre o comprimento do fruto e a infestação da praga foi registada por Patil e Ajri (1993). Grewal *et al.* (1995) registaram que as variedades Cv. SM 17-4, PPC e Brinjal Green Long, que eram menos susceptíveis à praga, tinham frutos estreitos e oblongos ou muito compridos. Os resultados globais indicaram que existia uma correlação muito fraca, mas negativa, que não mostrava grande influência na resistência da planta hospedeira em diferentes genótipos.

3.1.3.4 Caracteres do cálice

É um carácter morfológico muito importante que confere resistência contra a praga. Comparativamente, o cálice mais curto e apertado não permitiu que as larvas da broca se escondessem no seu interior enquanto se alimentavam e, assim, conferiu imunidade à cultivar selvagem (Arka Mahima). Um cálice mais comprido e solto, presente nas cultivares susceptíveis, nomeadamente, Puneri Kateri, seguido de Gudadhi Local, revelou-se vantajoso para as larvas se esconderem no interior do cálice para perfurar confortavelmente os frutos.

Panda *et al.* (1971) relataram que as variedades susceptíveis têm cálice solto, o que ajuda a broca jovem a entrar facilmente no fruto através do tecido macio abaixo do cálice. PPC, que foi considerada resistente à broca do fruto.

3.1.3.5 Disposição das sementes no interior do fruto

A análise da disposição das sementes nos frutos (Prato-5) de diferentes genótipos revelou que a cultivar selvagem imune (Arka Mahima) tinha uma disposição de sementes muito compacta em comparação com as restantes variedades. O arranjo variou em diferentes graus de genótipos com base na resistência da planta hospedeira. De acordo com Panda *et al.* (1971), as sementes firmemente dispostas no mesocarpo actuam como uma barreira para a entrada da larva na polpa do fruto. O arranjo, formando um anel, confere tufo aos frutos nas variedades resistentes. Já nos frutos das variedades susceptíveis, as sementes estão dispostas de forma frouxa no mesocarpo, o que facilita a entrada das larvas na polpa do fruto, danificando parcial ou totalmente os frutos maduros.

Observações semelhantes foram relatadas por trabalhadores anteriores (Lal *et al.*, 1976; Ghosh e Senapati, 2001; Sharma *et al.*, 2001 e Sridhar *et al.*, 2001). Também referiram que a disposição compacta das sementes no mesocarpo conferia resistência aos genótipos contra a broca. Grewal *et al.* (1995) referiram que a cultivar PPC era menos suscetível devido à cor púrpura clara do fruto, para além do longo anel periférico das sementes e da menor área sem sementes.

3.1.3.6 Polpa do fruto

Com base nas observações visuais (Quadro 5), pode inferir-se que a cultivar mais suscetível tinha mais polpa macia em comparação com a cultivar menos suscetível e resistente. A maior área de polpa com maciez encontrada em Puneri Kateri e Gudadhi Local melhorou a alimentação da broca. Por outro lado, a polpa dura a semi-dura encontrada em PPC e Aruna conferiu resistência contra a broca. No entanto, a menor área de polpa com dureza encontrada em Arka Mahima conferiu imunidade contra a praga.

Ghosh e Senapati (2001) referiram que a polpa dura encontrada nos híbridos de brinjal conferia resistência, o que está muito próximo dos resultados actuais.

3.1.3.7 Dureza da pele do fruto

A espessura e a dureza da casca determinaram o comportamento de resistência dos diferentes genótipos. Uma casca muito dura e espessa do genótipo imune (Arka Mahima) conferiu uma proteção completa contra o ataque da broca. A casca semi-dura e algo medianamente espessa dos frutos de PPC e Aruna conferiu um grau de resistência razoável a elevado a estes genótipos. As variedades (Gudadhi Local e Puneri Kateri) que tinham uma pele macia revelaram-se susceptíveis ao ataque da broca.

Resultados semelhantes foram também registados por Panda *et al.* (1971), Krishnaiah e Vijay (1975), Lal *et al.* (1976), Mishra *etal.* (1988) e Shelke (1989).

3.1.2 Base bioquímica da resistência

Os constituintes bioquímicos dos rebentos e dos frutos variaram significativamente nas diferentes classes de cultivares (Quadro 6a e 6b do Apêndice).

3.1.2.1 Humidade

A percentagem de humidade mais baixa foi registada na cultivar selvagem imune (Arka Mahima), tanto nos rebentos como nos frutos (73,62 e 77,46 %, respetivamente), em comparação com as outras cultivares. Observou-se um aumento da percentagem de humidade com o aumento da suscetibilidade das cultivares, indicando uma forte correlação positiva. Uma correlação semelhante foi registada por trabalhadores anteriores (Kale *et al.*, 1986b e Patil *et al.*, 1994). Verificaram um aumento da palatibilidade do material alimentar com uma maior percentagem de humidade no caso das variedades susceptíveis.

3.1.2.2 Gordura bruta

Verificou-se uma correlação positiva, mas fraca, entre a gordura bruta e a infestação dos frutos. Verificou-se um aumento do teor de gordura bruta (3,75 a 6,58 %) com o aumento da suscetibilidade em todas as variedades, exceto na "Arka Mahima". Uma tendência semelhante já foi registada por trabalhadores anteriores (Panda e Das, 1975 e Kale *et al.*, 1986b).

3.1.2.3 Proteína bruta

Uma porcentagem relativamente maior de proteína bruta foi observada em frutos da cultivar suscetível 'Puneri Kateri' (24,50%), seguida por Gudadhi Local (19,25%) em comparação com a cultivar resistente PPC e Aruna (3,50 e 5,25%, respetivamente). Mais proteína bruta na cultivar suscetível indicou uma correlação significativamente positiva entre infestação de rebentos/frutos e proteína bruta.

Isahaque e Choudhari (1984a) registaram um período larvar mais curto e um maior peso larvar no caso das variedades com maior teor de proteínas. Resultados semelhantes foram também registados por Kale *et al.* (1986b) e Patil *et al.* (1994).

3.1.2.4 Fibra bruta

A maior quantidade de fibra bruta no rebento e no fruto (7,02 e 14,77 %, respetivamente) foi registada na cultivar imune (Arka Mahima) e a menor (4,25 a 11,13 %, respetivamente) na cultivar suscetível (Puneri Kateri), indicando que o teor de fibra bruta diminuiu a palatibilidade dos alimentos. Resultados semelhantes foram já citados por Panda e Das (1975), Kale *et al.* (1986b) e Patil *et al.* (1994).

3.1.2.5 Cinzas

Foi observada uma correlação negativa muito forte entre o teor de cinzas e a infestação pela praga. Foram encontrados teores de cinzas comparativamente mais elevados nos rebentos e nos frutos (12,22 e 9,61 %, respetivamente) na cultivar selvagem 'Arka Mahima' do que na cultivar suscetível 'Puneri Kateri' (10,23 e 7,08 %, respetivamente).

Panda e Das (1975), bem como Patil *et al.* (1994), sugeriram uma tendência semelhante entre o teor de cinzas e a infestação de pragas. Os últimos trabalhadores relataram ainda que foi observada uma maior percentagem de cinzas (8,23 %) na cultivar resistente PBR-1-29-5 em comparação com a cultivar suscetível S-258 (5,89 %)

nos frutos, enquanto que nos rebentos o teor de cinzas foi mais elevado (22,15 %) na cultivar resistente e mais baixo (11,41 %) na cultivar suscetível.

3.1.2.6 Sílica

Os dados (quadros 6a e 6b do apêndice) revelaram que o teor de sílica nos rebentos e nos frutos desempenha um papel importante na HPR. Foi observada uma correlação negativa significativa entre a infestação de pragas e o teor de sílica. Comparativamente, o teor de sílica mais elevado nos turiões e nos frutos (2,09 e 1,25 %, respetivamente) foi registado no genótipo selvagem imune 'Arka Mahima' e o mais baixo nos turiões e nos frutos da cultivar suscetível 'Puneri Kateri' (1,40 e 0,80 %, respetivamente).

Panda e Das (1975) e Kale *et al.* (1986b) registaram uma correlação semelhante. Estes autores afirmaram que um maior teor de sílica na planta impedia o desenvolvimento das larvas.

3.1.2.7 Fenol total

Foi observada uma forte correlação negativa entre a infestação de pragas e o teor de fenol total. O conteúdo máximo de fenol total em rebentos e frutos (4,21 e 2,39 %, respetivamente) foi registado na cultivar imune Arka Mahima e o mínimo em rebentos de Puneri Kateri (0,56 %) e frutos de Gudadhi Local (0,327 %), indicando que desempenha um papel importante na transmissão de resistência contra a praga. Raju *et al.* (1987) e Darekar *et al.* (1991) encontraram um tipo de correlação semelhante.

Bajaj *et al.* (1989) referiram que a presença de compostos fenólicos mais elevados e de glicoalcalóides estava associada à resistência das plantas à praga. Thakre e Khode (1992) registaram 3 % de solasodina na brinjal selvagem. Isto significa que a cultivar selvagem tinha um teor mais elevado de compostos fenólicos com glicoalcalóides e, por conseguinte, é um dos factores que explica a reação imune da cultivar selvagem contra a praga.

Ranjan e Chakravarti (2002) encontraram um nível elevado de teor de fenol na cultivar resistente PPC em comparação com as restantes cultivares testadas.

3.1.2.8 Açúcar total

A leitura dos dados (quadros 6a e 6b do apêndice) revelou que existia uma forte correlação positiva entre o açúcar solúvel total nos frutos de beringela e a infestação por pragas. A quantidade mais baixa (14,95 %) foi encontrada nos frutos da cultivar selvagem "Arka Mahima", em comparação com a quantidade mais elevada na cultivar suscetível "Puneri Kateri" (25,70 %).

Resultados semelhantes foram relatados por trabalhadores anteriores (Panda e Das 1975; Darekar *et al.*, 1991; Patil *et al.,* 1994). Afirmaram que o açúcar solúvel total actuou como estimulante alimentar nas variedades susceptíveis.

3.1.2.9 Aminoácido

A presença de diferentes aminoácidos foi avaliada por cromatografia em papel (quadro 7). As observações indicaram que a cultivar selvagem imune (Arka Mahima) e a cultivar altamente resistente (Pusa Purple Cluster) tinham menos aminoácidos do que as restantes variedades. Isto significa que as cultivares imunes e altamente resistentes apresentaram um estado nutricional pobre que afectou negativamente o crescimento e o desenvolvimento da praga. Pelo contrário, as cultivares razoavelmente resistentes, tolerantes e susceptíveis apresentavam um maior número de aminoácidos, o que resultava num estado nutricional rico da planta. A serina e a fenilalanina foram encontradas em cultivares razoavelmente resistentes (Aruna), tolerantes (Gudadhi Local) e susceptíveis (Puneri Kateri). A cultivar suscetível "Puneri Kateri" apresentou uma mancha azul escura de ninidrina do aminoácido serina em comparação com as cultivares Aruna e Gudadhi Local.

Os resultados globais indicaram que os aminoácidos desempenham um papel importante no crescimento e desenvolvimento do inseto em diferentes cultivares. A serina e a fenilalanina foram fracas ou ausentes na cultivar imune (Arka Mahima) e altamente resistente (PPC).

Na hemolinfa dos insectos está presente um grande número de aminoácidos livres. Wyatt (1961) e Singh *et al.* (1971) também detectaram a presença de todos os aminoácidos, com exceção da fenilalanina, no tecido larvar da broca do rebento e do fruto da brinjal. Os frutos de Brinjal também contêm todos os aminoácidos essenciais, exceto a lisina, e são ricos em fenilalanina. Fukuda (1956) demonstrou a conversão da fenilalanina em tirosina após a injeção de fenilalanina marcada com C^{14} , o que indica a possibilidade de conversão da fenilalanina dos frutos de brinjal em tirosina nos tecidos larvares. A presença de serina em diferentes fases do ciclo de vida da praga indica a sua importância na nutrição da praga (Singh, *et al.*, 1971). Pode, portanto, inferir-se que os frutos de brinjal de Puneri Kateri ricos em serina eram susceptíveis aos danos causados pela praga. As presentes conclusões são reforçadas pelo trabalho de Panda e Das (1975), que também registaram uma maior quantidade de serina e fenilalanina em cultivares susceptíveis (Black Round e Long White) e uma quantidade fraca em cultivares resistentes (Thorn Pendy e Black Pendy).

Quadro 7: Aminoácidos em frutos de genótipos de brinjal de diferentes qualidades

Aminoácido	Valor Rf (solvente butanol)	Arka Mahima (Imune) (S1)	PPC (altamente resistente) (S2)	Aruna (Razoavelmente resistente) (S3)	Gudadhi local (Tolerante) (S4)	Puneri Kateri (Suscetível) (S5)
Histidina	0.87	-	-	-	-	**
Serina	0.18	-	-	*	**	**
Arginina	0.11	*	*	*	-	**
Aspártico	0.13	-	-	-	**	-
Glicina	0.17	*	*	-	-	**
Alanina	0.22	-	-	-	**	-
Tirosina	0.32	-	*	*	**	**
Metionina	0.40	*	*	**	*	-
Valina	0.47	-	-	-	-	**
Triptofano	0.47	-	-	-	**	**
Fenilalanina	0.58	-	-	**	**	**

Leucina	0.60	-	*	**	-	-

** (Positivo), * (Claro), - (fraco ou ausente) com base na mancha de ninidrina

Capítulo IV

Mecanismo de resistência

4.2 Mecanismo de resistência da planta hospedeira

Estes estudos foram efectuados em cinco classes diferentes de genótipos. Os vários mecanismos relacionados com a HPR em brinjal são discutidos no presente documento.

4.2.1 Não preferência/Antixenose

Observou-se, tanto nos testes de escolha múltipla como nos de escolha única (quadro 8 do apêndice), que as traças não puseram ovos na cultivar selvagem (Arka Mahima). Seguiram-se as cultivares PPC, Aruna e Gudadhi Local, que foram menos preferidas para a postura de ovos pela traça fêmea da praga. No entanto, a Puneri Kateri registou o máximo de oviposição em ambos os testes.

a) Caraterísticas dos tricomas que influenciam a oviposição

Os dados (Quadro 8 do Apêndice) indicaram que a cultivar selvagem (Arka Mahima) tinha um alto grau de pubescência (1319,20/cm^2), mais comprimento de tricoma (0,4947 mm) e pilosidade (651,85) em comparação com outras cultivares. Este genótipo selvagem tinha tricomas glandulares que exsudavam uma secreção pegajosa nas folhas, o que não favorecia a oviposição.

Entre as variedades de *S. melongena, a* Pusa Purple Cluster tinha uma pubescência comparativamente mais densa (921,50/cm^2), tricomas mais longos (0,4559 mm) e um elevado grau de pilosidade (418,69). A 'PPC' foi seguida pela 'Aruna'. Menos de metade da pilosidade foi registada nas cultivares tolerantes (Gudadhi Local) e susceptíveis (Puneri Kateri) em comparação com as cultivares selvagens imunes (Arka Mahima). Em geral, observou-se que a traça preferia pôr mais ovos em genótipos com pubescência esparsa (Gudadhi Local e Puneri Kateri) do que em variedades com pubescência densa (PPC e Aruna). As variedades densamente pubescentes tinham tricomas longos, em tufos e erectos na superfície da folha, o que se revelou desvantajoso para as traças ovipositoras. O espinhoso não mostrou qualquer influência na oviposição.

Panda e Das (1974) verificaram que as traças preferiam pôr um maior número de ovos em folhas pouco pubescentes de Black Round e outras variedades susceptíveis do que em variedades densamente pubescentes. No entanto, os espinhos não influenciaram a oviposição. Uma correlação significativamente negativa foi observada entre infestação e número de pêlos foliares pelos trabalhadores anteriores (Duffey, 1986; Shelke, 1989 e Jyani *et al.*, 1995).

As observações gerais indicaram que o comprimento do tricoma e a pilosidade da folha eram comparativamente maiores nas variedades resistentes do que nas susceptíveis.

b) Influência da pubescência das folhas no comportamento das larvas neonatas

As observações foram registadas depois de infestar artificialmente as folhas de Arka Mahima e verificou-se (quadro 9 do apêndice) que as larvas não conseguiam chegar ao local de perfuração (rebento apical). A presença de tricomas densos e mais compridos e a pegajosidade na superfície da folha levaram a que não preferissem alimentar-se no local de perfuração. Mais tarde, estas larvas ficaram paralisadas e acabaram por morrer. No entanto, no caso da Pusa Purple Cluster e da Aruna, apenas duas larvas foram bem sucedidas na perfuração do rebento apical e demoraram mais tempo (85-90 minutos). As restantes três larvas não conseguiram atingir o rebento apical e permaneceram na lâmina foliar, na nervura média e na nervura, onde se verificou a alimentação por perfuração. Esses não eram os locais normais de perfuração e resultaram na morte das larvas. Por outro lado, a pubescência esparsa e o comprimento mais curto dos tricomas não resistiram às larvas para alcançar o rebento apical. Três das larvas conseguiram chegar até ao local de perfuração e duas encontraram o seu caminho através da nervura da folha e do pecíolo. Isto indica que o número máximo de larvas conseguiu infestar as variedades susceptíveis num período de tempo mais curto (40-60 minutos).

Panda e Das (1974) referiram que a pubescência densa, os tufos longos e os tricomas erectos na superfície das folhas não eram preferidos pelas traças para a oviposição e também pelas larvas recém-nascidas para se alimentarem.

4.2.2 Antibiótico

Os dados apresentados (Tabela 10 e 11 do Apêndice) indicaram que havia várias diferenças no comportamento de diferentes estágios de vida da BSFB quando cultivada em genótipos de briguela de diferentes graus de HPR. Os componentes deterrentes⁄antifeedentes no local de alimentação resultaram em baixa sobrevivência das larvas. As larvas preferiram morrer devido ao odor típico e desagradável que actuou como anti-alimentar, especialmente no caso da 'Arka Mahima'. Não foi possível estudar as outras fases da vida para além do neonato, uma vez que nenhuma larva conseguiu sobreviver no genótipo selvagem.

A leitura da literatura revelou que não há registo de estudos de antibiose na cultivar selvagem de beringela. No entanto, Panda e Das (1975) relataram que não havia sobrevivência de larvas na cultivar H-165.

Comparativamente, a sobrevivência das larvas foi menor (67,50%) e o período larval prolongado (16,18 dias) e o período pupal (9,75 dias) foram observados quando as larvas foram criadas em frutos da cultivar altamente resistente PPC. Da mesma forma, foi observado menor peso de larva adulta (78,25 mg), pupa (42,25 mg), menor emergência de adultos (86,74%), baixo índice de crescimento (3,24), menor relação fêmea/macho (0,88) e menor fecundidade (68,50 ovos/fêmea). O desenvolvimento das larvas foi comparativamente mais pobre nos rebentos do que nos frutos, o que pode ser atribuído à variação dos valores nutricionais e dos caracteres de antibiose nos rebentos e nos frutos.

A variedade Puneri Kateri favoreceu o desenvolvimento das larvas, resultando numa diminuição dos períodos larvares (13,93 dias) e pupais (8,12 dias) com um aumento do peso das larvas (88,50 mg) e das pupas (59,75 mg) devido a caracteres de antibiose pobres.

Panda e Das (1975) exprimiram opiniões semelhantes. Verificaram que a percentagem de sobrevivência das larvas, o peso ganho pelas larvas, o índice de crescimento e o peso das pupas eram significativamente menores no caso de cultivares resistentes. A razão sexual e a fecundidade das traças fêmeas também foram significativamente reduzidas quando criadas numa cultivar resistente.

Foi observado um desenvolvimento larvar rápido nas cultivares susceptíveis, nomeadamente, Bhola Bengana,

Bobengana, Powal e o crescimento mais lento foi registado em Kuchia e Pusa Purple Cluster (Isahaque e Choudhari, 1984a).

De acordo com Raju *et al.* (1987), a alimentação com a variedade resistente (SM-204) diminuiu os pesos das larvas e das pupas e aumentou os períodos larvares e pupais em comparação com as variedades susceptíveis (Punjab Chami kila, SM-95, SM-82, SM-66, SM- 192 e Long Violet Dutch).

Os resultados gerais indicaram que o crescimento larvar, a emergência de traças a partir das pupas obtidas de rebentos e frutos de variedades susceptíveis foram superiores aos das variedades resistentes. A proporção de fêmeas para machos (F/M) também foi significativamente maior nas variedades susceptíveis do que nas resistentes. Posteriormente, as traças fêmeas obtidas dos frutos de brinjal susceptíveis colocaram um maior número de ovos do que as resistentes. O maior número de traças fêmeas e a sua fecundidade nas variedades de brinjal susceptíveis são alguns dos factores importantes para a multiplicação rápida da população da broca nas zonas de cultivo de brinjal. No entanto, a sobrevivência, o desenvolvimento e o comportamento reprodutivo da praga da broca foram afectados negativamente nas variedades resistentes.

4.2.3 Tolerância

Os resultados mostraram que, PPC, Pusa Kranti, Ravaiya e Aruna tiveram mais tolerância (0,92, 1,07, 3,09 e 3,46% de infestação de rebentos, respetivamente) aos danos em comparação com Puneri Kateri (8,79 %). Foi observada uma tendência semelhante no que respeita ao rendimento destas variedades. Pusa Kranti e Ravaiya deram mais rendimento (1.128 e 1.126 kg/planta) na presença de comparativamente mais infestação do que PPC, indicando mais tolerância em Pusa Kranti e Ravaiya. Estas variedades foram seguidas por Aruna (0,996 kg/planta) que podia tolerar mais infestação e deu melhor rendimento do que as restantes variedades. Chaitanya Sel.-5 e o híbrido Kalpataru, da categoria moderadamente tolerante, não mostraram mais tolerância, embora tivessem menor infestação de rebentos (2,49 e 2,30 % de infestação de rebentos, respetivamente) e relativamente menor infestação de frutos (7,14 e 8,57 %, respetivamente). Produziram menos frutos comercializáveis (0,872 e 0,852 kg/planta, respetivamente).

Comparativamente, notou-se uma fraca tolerância em Puneri Kateri, que registou fortes danos da praga, resultando num fraco rendimento (0,729 kg/planta). Tendência semelhante foi observada por Raut e Sonone (1980). Relataram que Pusa Kranti, PPL exibiu tolerância e deu melhor rendimento em comparação com a cultivar local suscetível, incluindo Dorli.

O comportamento tolerante do PPC também foi registado por Singh e Sidhu (1986).

4.5 Reprodução para resistência

Vários cruzamentos intra e interespecíficos (quadro 12) foram desenvolvidos durante as presentes investigações, utilizando as fontes de resistência identificadas durante o programa de rastreio. 'PPC' foi utilizado em geral como progenitor masculino ao lado de 'Pusa Kranti' . Os outros progenitores masculinos utilizados no cruzamento foram Arka Mahima, *S. incanum, S. viarum* e *S. indicum*. No entanto, não foi observada a possibilidade de cruzamento entre *Solanum melongena* e derivados de *S. khasianum* (Arka Mahima).

Os cruzamentos entre Gudadhi Local e *S. incanum* foram bem sucedidos. No entanto, o cruzamento entre Aruna e *S. viarum* produziu sementes com fraca germinação. Da mesma forma, a semente F_1 do cruzamento entre Gudadhi Local e *S. indicum* não germinou. Rao (1981b) cruzou com sucesso *S. melongena* Cv. Nurki baingan X *S. incanum*.

Quadro 12: Cruzamento inter e intraespecífico em Brinjal

Sr. Não.	Pais	SucessoZunsucesso
1	SuruchiSel-10 xPPC	Bem-sucedido
2	Local X *S. incanum*	Bem-sucedido
3	Puneri kateri x PPC	Bem-sucedido
4	Chaitanya x PK	Bem-sucedido
5	Aruna X PPC	Bem-sucedido
6	Suruchi Sel-10 X Arka Mahima	Crossability não observada
7	Puneri kateri x Arka Mahima	Cossibilidade não observada
8	Local X X Arka Mahima	Crossability não observada
9	Aruna X Arka Mahima	Crossability não observada
10	Majarigota x Arka Mahima	Crossability não observada
11	Aruna X *S. viarum*	Crossability observada (germinação e crescimento fracos)
12	Local x *S. indicum*	Foi observada a possibilidade de cruzamento, mas o F_1 não germinou

Capítulo V

5.5.1 Rastreio de híbridos de Fl contra *L. orbonalis* Guen.

a) Infestação de rebentos

A leitura dos dados (Tabela 13 do Apêndice) revelou que o parental masculino resistente, nomeadamente, Pusa Purple Cluster, teve uma infestação de rebentos muito baixa (0,95 %). Entre os cruzamentos F_1, Aruna x PPC e Suruchi-10 x PPC tiveram a menor infestação em comparação com outros cruzamentos. O primeiro F_1 teve menos (1.11 %) infestação de brotos, enquanto seu parente feminino teve um pouco mais (2.86 %) de infestação de brotos. Comparativamente, a menor infestação na F_1 acima mencionada pode ser devida ao uso de uma fonte resistente (PPC).

Outro cruzamento promissor F_1 foi de Surchi 10 x PPC, onde Suruchi-10, sendo uma variedade suscetível, foi cruzada com Pusa Purple Cluster, cultivar altamente resistente, que deu F_1 com infestação de brotos muito baixa (1,33%). Considerando que, F_1 obtido do cruzamento entre Puneri Kateri x PPC teve 4,19 por cento de infestação de brotos, que foi comparativamente menor do que seu pai feminino Puneri Kateri (11,14 %). A partir destes resultados, pode inferir-se que 'PPC', a fonte identificada como altamente resistente, aumentou o nível de resistência na cultivar suscetível após o cruzamento.

Ao indicar uma tendência semelhante, Sharma *et al.* (2001) relataram que os cruzamentos de SM-141 x PPC e DBLV x PPC deram genótipos resistentes de F_1.

Os genótipos F_1 desenvolvidos pela MSSC Ltd. Akola mostraram um fraco desempenho (Kanheri Local x Shekta Local, PDKV x Shekta Local e Adoni Local x Malkapur Local) e tiveram um elevado nível de infestação por brocas, o que pode dever-se à não incorporação das fontes de resistência no seu programa de cruzamentos.

b) Infestação de frutos

A leitura dos dados (quadro 13 do apêndice) revelou que havia diferenças negligenciáveis na infestação registada com base no número e no peso dos frutos. No entanto, os resultados são aqui discutidos com base no número de frutos infestados. 'PPC' teve comparativamente a infestação mais baixa entre outras cultivares e genótipos F_1. O F_1 obtido de Aruna x PPC teve baixa infestação de frutos (7,04 %) do que seu parental feminino 'Aruna' (11,17 %). Da mesma forma, o F_1 obtido de Suruchi-10 x PPC teve baixa infestação (8,42%). A Fi obtida de Puneri Kateri x PPC também teve uma infestação comparativamente baixa (16,52%) do que o seu progenitor feminino Puneri Kateri (30,55%). Isto significa que a cultivar altamente resistente 'PPC', quando cruzada com a cultivar suscetível, melhorou o nível de resistência contra a broca do fruto. F_1 obtido de Gudadhi Local X *S. incanum* teve menos infestação de frutos (14,26 %) em comparação com o progenitor feminino Gudadhi Local (23,16 %). Por conseguinte, é indicado que as espécies selvagens de brinjal, se cruzadas com as cultivares susceptíveis, podem dar origem a F_1 com um nível de resistência melhorado.

Sharma *et al.* (2001) expressaram opiniões semelhantes. Eles relataram que o F_1 obtido dos cruzamentos de SM-141 x PPC, e DBLV x PPC foram considerados resistentes. O F_1 de outros cruzamentos, nomeadamente

Adoni Local x Malkapur Local, Kanheri Local x Shekta Local e PDKV x Shekta Local, mostrou uma reação razoavelmente resistente à BSFB. A infestação variou de 18,17 a 18,92 por cento, o que foi comparativamente maior do que o F_1 descrito anteriormente. Pode-se inferir destes resultados que as fontes altamente resistentes não foram utilizadas neste programa de cruzamento, devido ao qual o F_1 superior não pôde ser desenvolvido.

Os híbridos intra e interespecíficos gerados nos presentes estudos serão uma fonte de biodiversidade para a transferência de genes resistentes para as variedades de alto rendimento populares na região.

c) **Rendimento de frutos comercializáveis**

Os dados (Tabela 13 do Apêndice) indicaram que o F_1 dos cruzamentos de Aruna x PPC deu um rendimento significativamente melhor (0,940 kg/planta) em comparação com o resto do F_1 de diferentes cruzamentos e também com seus pais. Foi seguido pela cultivar - PPC (0,928 kg/planta), Morvi (0,920 kg/planta), F_1 de Suruchi-10 x PPC (0,918 kg/planta) e F_1 de Gudadhi Local x *S. incanum* (0,905 kg/planta).

O F_1 da MSSC, Ltd. Akola apresentou um desempenho intermédio, em que o rendimento variou entre 0,730 e 0,791 kg por planta. De facto, este foi um nível muito baixo de desempenho de rendimento que pode ser atribuído ao uso de cultivares agronómica e geneticamente inferiores no seu programa de cruzamento.

Os resultados globais mostraram que a Fi desenvolvida a partir dos pais promissores era superior no que respeita à infestação de pragas e à produção de frutos comercializáveis. Existe uma enorme margem para identificar os genótipos que são agronomicamente superiores e que podem ser cruzados com as cultivares imunes ou altamente resistentes para obter F_i promissores no futuro. A F_i desenvolvida durante os presentes estudos foi, portanto, incorporada no programa regular de melhoramento de culturas com o criador desta universidade.

Capítulo VI

6.1 Efeito dos micronutrientes quelatados na BSFB

Os dados (Quadro 14) indicaram que todos os micronutrientes quelatados suprimiram significativamente a alimentação da larva de primeiro instar em comparação com o controlo. Observou-se que apenas 20% das larvas de primeiro instar sobreviveram na cultivar suscetível, Puneri Kateri, após a pulverização com Fe-EDTA e complexo Bo-Fe. Seguiram-se 25% de sobrevivência devido à pulverização de Zn-EDTA e 30% devido a Mg-EDTA. Além disso, o peso dos sobreviventes foi notavelmente mais baixo (3,125 a 3,675 mg) em todos os tratamentos, em comparação com o do controlo (4,875 mg/larva).

Estes micronutrientes quelatados também actuaram significativamente como dissuasores de oviposição em relação ao controlo. Assim, a cultivar suscetível, como Puneri Kateri, poderia proteger, aumentando a capacidade de resistência conferida pelas pulverizações foliares de micronutrientes quelatados em relação ao controlo. No entanto, todos os tratamentos foram estatisticamente iguais entre si.

4.1.1 Teor de cinzas nos rebentos

Os dados (Quadro 14) indicaram que foi registado um teor significativamente mais elevado de cinzas nas plantas tratadas com Fe-EDTA e complexo Bo-Fe (11,48 e 11,44 %, respetivamente), seguido das plantas tratadas com Zn-EDTA e Mg (10,96 e 10,18%, respetivamente) em comparação com o controlo (9,09 %).

Os resultados globais indicaram que houve uma diminuição do nível de sobrevivência, do peso da larva sobrevivente e da oviposição com o aumento da percentagem do teor de cinzas. Pode inferir-se que a pulverização foliar de micronutrientes quelatados aumentou o teor de cinzas nas cultivares susceptíveis, o que conferiu resistência contra a broca do rebento e do fruto da beringela através do mecanismo de resistência antibiose.

Panda e Das (1975) e Patii *et al.* (1994) registaram um elevado nível de conteúdo de cinzas nos rebentos de cultivares resistentes, o que suprimiu a população da praga. Sell e Schmidi (1968) referiram que o EDTA (sal tetra-sódico do ácido etilenodiamino tetra-acético), o cloreto ferroso e a combinação destes dois substratos numa concentração semelhante, juntamente com cobre, ferro e zinco quelatados na dieta de *Trichoplusia ni* (Hubner), impediram completamente a pupação.

Recentemente, a utilização de pó de cinzas na cultura de brinjal foi, portanto, recomendada para reduzir a incidência da broca do rebento e do fruto (Anónimo, 2001).

Quadro 14 : Oviposição e alimentação em rebentos de brinjal (Cv.[i] Puneri Kateri') sob a influência de micronutrientes quelatados

Tratamento	Micronutrientes quelatados	Sobrevivência de larvas de 1st instar %0	Peso médio das larvas sobreviventes (mg)	Preferência de oviposição (ovos/planta)	Teor de cinzas no rebento (%)

Ti	Zn-EDTA (2,00 ppm.)	25.00 (29.72)*	3.250	22.00	10.96
T2	Mg-Chelated (2.00 ppm.)	30.00 (32.89)	3.675	26.25	10.18
T3	Fe-EDTA (2,00 ppm.)	20.00 (26.56)	3.125	22.00	11.48
T4	Complexo Bo-Fe (1,00 ppm.)	20.00 (26.56)	3.175	20.25	11.44
T5	Controlo (não pulverizado)	65.00 (53.98)	4.875	59.50	9.09
	Teste "F	Sig.	Sig.	Sig.	Sig.
	SE±m	2.60	0.087	1.77	0.58
	CD a 5 %	7.72	0.258	5.27	1.72
	CV %	15.30	4.81	11.89	9.58

(* Os valores entre parênteses são valores transformados em arco-seno)

Capítulo VII

RESUMO E CONCLUSÕES

A planta do ovo, *Solanum melongena* Linn, é originária da Índia. É cultivada em todo o país, exceto nas regiões de elevada altitude, durante todo o ano. É um vegetal comercial com potencial para fornecer hidratos de carbono, proteínas, minerais e vitaminas (Arycord, 1983) e possui também valores medicinais (Chaudhari, 1977). Além disso, as sementes de brinjal contêm óleo de boa qualidade para a saúde humana (Tomar e Kalda, 1996).

Entre os obstáculos à obtenção de um rendimento mais elevado, os danos causados por insectos pragas são os mais importantes. Entre estes, *Leucinodes orbonalis* Guen. causa grandes perdas. Em Maharashtra, Mote (1981) registou 48% de perdas. Esta praga está amplamente distribuída na Índia. A larva é a fase mais nociva da praga. Sendo um alimentador interno, é difícil de controlar, mesmo com produtos químicos sintéticos. Para além disso, a utilização de produtos químicos sintéticos de largo espetro levou à contaminação ambiental, à bioacumulação, à biomagnificação de resíduos tóxicos e à perturbação do equilíbrio ecológico (Sastrosiswojo, 1994). Nesta situação, existe um apelo social urgente para desenvolver outro método alternativo, mais seguro e não pesticida, como a resistência da planta hospedeira para suprimir ou minimizar a população de pragas como uma ferramenta importante da GIP.

A utilização de variedades resistentes ou tolerantes constitui a componente de base da proteção integrada, sobre a qual se devem desenvolver outras componentes. Contribui de forma útil para a gestão integrada das pragas de duas maneiras: reduz a quantidade de insecticidas e melhora o desempenho dos inimigos naturais das pragas. As vantagens mais importantes da utilização de variedades resistentes na gestão integrada das pragas são a especificidade, o efeito cumulativo, a persistência, a harmonia com o ambiente, a facilidade de adoção e a compatibilidade com outras tácticas de gestão das pragas (Dhaliwal e Arora, 1996).

Nesta região, os estudos sobre a tolerância/suscetibilidade relativa em cultivares de brinjal contra *Leucinodes orbonalis*, o mecanismo de resistência da planta hospedeira e suas bases, bem como o melhoramento para resistência, são quase insignificantes.

As presentes investigações foram, por conseguinte, planeadas com base nas propostas mencionadas.

1. Estudos sobre o rastreio de vários genótipos de brinjal e espécies selvagens contra *Leucinodes orbonalis* Guen.

2. Estudos de antixenose e antibiose em cultivares selecionadas de Brinjal contra a broca do rebento e do fruto da Brinjal (BSFB).

3. Estudos de factores morfológicos e bioquímicos em cultivares selecionadas que conferem resistência à BSFB.

4. Determinar o papel dos micronutrientes quelatados que conferem resistência à BSFB.

5. Estudos sobre o rastreio de híbridos Fi desenvolvidos durante as investigações contra a BSFB em

condições de campo.

As presentes investigações foram efectuadas no Departamento de Agril. Entomology, Post Graduate Institute, Dr. Panjabrao Deshmukh Krishi Vidyapeeth, Akola (Localizado na latitude 2O.42° N, Longitude, 77.O2° E e a 307.415 M.S.L.) com precipitação normal de 818.6 mm) durante as estações *Kharif* e *Rabi* de 2000-2001. Por outro lado, o rastreio F_1 foi efectuado no verão de 2002.

Foram efectuados estudos do mecanismo de resistência (antixenose e antibiose) e análises bioquímicas em condições laboratoriais.

As observações relativas à infestação dos rebentos e dos frutos em vários genótipos de brinjal e ao seu rendimento em frutos comercializáveis foram registadas durante o rastreio das cultivares. Os resultados são resumidos a seguir.

7.1 Seleção no terreno de vários genótipos de brinjal contra *L. orbonalis* Guen.

O rastreio de 24 genótipos de brinjal em condições de campo foi efectuado no campo do Department of Agril. Entomology, Dr. PDKV, Akola, com o objetivo de avaliar a resistência comparativa dos genótipos de brinjal contra a BSFB. Estes ensaios foram efectuados em blocos aleatórios (RBD) com três repetições, com duas linhas para cada uma das entradas e um espaçamento de 60 x 60 cm. Havia vinte plantas por genótipo. Uma planta de cada lado da linha foi mantida como planta de fronteira e as restantes dezasseis plantas de cada genótipo foram utilizadas para registar observações (Behera *et al.*, 1999b).

A sementeira e o transplante foram efectuados em 1.7.2000 e 18.8.2000 para o rastreio *Kharif* e para o rastreio *Rabi* em 27.9.2000 e 15.11.2000, respetivamente. No total, foram registadas sete colheitas.

7.1.1 Por cento de infestação de rebentos

A percentagem de infestação nos rebentos foi avaliada através da contagem de rebentos normais e infestados de cinco plantas selecionadas aleatoriamente de cada genótipo. Só foram registadas duas observações antes da fase de frutificação. Assim, a percentagem média de infestação nos rebentos foi calculada para cada genótipo e os dados foram analisados estatisticamente adoptando o procedimento adequado e observando os testes de significância ao nível de cinco por cento.

A escala adoptada por Subbaratnam e Butani (1981) foi preferida para determinar a resistência relativa dos genótipos contra a BSFB. A classificação dos genótipos foi efectuada como se indica a seguir, com base na infestação de rebentos.

Grau	**Categoria**	**Nível de infestação dos rebentos**	**Genótipo**
R	Total resistente	0.0 %	Arka Mahima (0 %) Arka Sanjivani (0 %) *S. incanum* (0 %)

T	Tolerante	<2.0 %	Chu-Chu (0,87 %) PPL (0,91), PPC (0,92%), Beleza Negra (0,95 %), PK (1,07 %), Kalia Fχ (1,08 %), Manju F1(1,30%), Brinjal Chamki (1,67%)
M	Moderadamente resistente	2.1-3.00%	Chaitanya Sel-5 (2,49 %), Brinjal Kateri (2,25 %), Kalpataru (2,30 %)
S	Suscetível	3.1-5.00%	Suruchi-10 (4,49 %), Manjarigota (3,50 %), Aruna (3,46 %), Indam-35 F_1 (3,52 %), Ravaiya (3,09 %), MEBH-11 (3,48 %), MHB-99 (3,63 %), MEBH-16 (3,53 %), Gudhadi Local (4,65 %)
EM	Altamente suscetível	> 5.00 %	Puneri Kateri (8,79 %)

1.1.2 Por cento de infestação de frutos

Em cada colheita, foram registadas as contagens do número de frutos saudáveis e infestados, bem como os seus pesos (obtidos de cinco plantas selecionadas ao acaso) para calcular a percentagem de infestação da praga. Para o efeito, foi adotado o índice de classificação sugerido por Lal *et al.* (1976).

Os resultados combinados dos dados de duas épocas, tanto com base no número como no peso da infestação de frutos, revelaram que a cultivar selvagem Arka Mahima e Arka Sanjivani, os derivados de *Solanum khasianum*, mostraram imunidade contra a praga. As variedades viz, Pusa Purple Cluster (1,25 %), Brinjal selvagem *Solanum incanum* (1,62 %), Pusa Kranti (2,43 %), Pusa Purple Long (2,57 %), Black Beauty (4.10 %), híbrido Kalia Fi (4,31 %), Brinjal Chamki (5,07%), Ravaiya (5,09 %), MEBH-16 (5,28%), MHB-99 (5,51 %), Chu-Chu (5,54 %), MEBH-11 (7,00 %), Chaitanya Sel.-5 (7,14%), Manju-F_1 (7,80 %) e Kalpataru (8,57 %) apresentaram reações de alta resistência. Por outro lado, Aruna (10,24%), Indam-35 F_1 (10,85%), Manjari Gota (11,43%) e Brinjal Kateri (11,99%) foram encontrados na categoria razoavelmente resistente.

As cultivares viz., Gudadhi Local (22,69 %) e Suruchi-10 (25,28 %) mostraram maior infestação de frutos com base no número e foram incluídas na categoria tolerante de resistência da planta hospedeira.

A Cv. Puneri Kateri teve a infestação máxima de frutos (32,11%) com base no número de frutos e foi classificada na categoria suscetível. Em geral, quase todas as cultivares exibiram uma reação semelhante tanto em termos de número como de peso da infestação de frutos. O índice de classificação adotado por Lal *et al.* (1976) foi preferido para determinar a resistência relativa dos diferentes genótipos contra a BSFB. Os diferentes genótipos foram categorizados da seguinte forma com base na infestação de frutos.

Gradação HPR da infestação de frutos devido a *Leucinodes orbonalis*

Grau	Categoria	Genótipo de Brinjal (% de infestação dos frutos)	
		Base numérica	**Base de peso**
1.	Imune (0 % de infestação de frutos)	Arka Mahima (0,0 %) Arka Sanjivani (0,0 %)	Arka Mahima (0,0 %) Arka Sanjivani (0,0 %)
2.	Altamente resistente (1 a 10 % de infestação de frutos)	Pusa Purple Cluster (1,25 %) *S. incanum* (1,62 %) Pusa Kranti (2,43%) Pusa Purple Long (2,57 %) Beleza negra (4,10 %) Híbrido Kalia F1 (4,31 %) Brinjal Chamki (5,07 %) Híbrido de Ravaiya (5,09 %) MEBH-16 (5,28%) MHB-99 (5,51%) Chu-Chu (5,54%) MEBH-11 (7,00%) Chaitanya Sel-5 (7,14%) Kalpataru (8,57 %) Manju F1 (8,13 %)	Aglomerado Púrpura de Pusa (1,31 %) *S. incanum* (1,76%) Pusa Kranti (2,72%) Pusa Purple Long (2,72 %) Beleza negra (3,58%) Kalia F_1 híbrido (4,99 %) Brinjal Chamki (5,71 %) Híbrido de Ravaiya (5,38 %) MEBH-16 (5,41 %) MEBH-99 (6,54%) Chu-Chu (5,15 %) MEBH-11 (7,16%) Chaitanya Sel-5 (7,90 %) Kalpataru (8,25 %) Manju F1 (8,48%)
3.	Razoavelmente resistente (11 a 20 % de infestação dos frutos)	Aruna (10,24 %) Indam-35 F1 (10,85 %) Manjarigota (11,43%) Brinjal Kateri (11,99 %)	Aruna (11,02 %) Indam-35 (10,83 %) Manjarigota (11,72%) Brinjal Kateri (11,72 %)
4.	Tolerante (21 a 30 % de infestação dos frutos)	Gudadhi Local (22,69 %) Suruchi-10 (25,28 %)	Gudadhi Local (22,38%) Suruchi-10 (25,29%)

5.	Suscetível (31 a 40 % de infestação dos frutos)	Puneri Kateri (32,11%)	Puneri Kateri (32,70 %)

As variedades que exibiram resistência total/tolerância possuíam comparativamente rebentos duros a semi-duros e pubescência densa, frutos mais compridos e estreitos com arranjo compacto de sementes.

7.1.3 Rendimento de frutos comercializáveis (kg/planta)

A produção de frutos comercializáveis foi maior em Pusa Kranti (1,128), Ravaiya (1,126), Chu-Chu (1,026) e Pusa Purple Cluster (1,010). Este grupo foi seguido por Aruna (0,996), Kalia-F_1 hybrid (0,997) e Pusa Purple Long (0,986).

O rendimento mais baixo foi registado na cv. Puneri Kateri (0,729), híbrido MEBH-16 (0,729) e Gudadhi Local (0,779).

Os híbridos Manju F1 (0,929), Kalpataru (0,852), MHB-99 (0,919) e MEBH-11 (0,825) registaram uma produção intermédia de frutos comercializáveis por planta.

7.2 Mecanismo de resistência da planta hospedeira

7.2.1 Não-preferência/antixenose

a. Teste de escolha múltipla

Cinco cultivares em vaso com 60 dias de idade de cada repetição foram mantidas dentro da gaiola de rede de nylon e cinco pares de traças com um dia de idade foram libertados após o anoitecer dentro da gaiola para oviposição. Não se registou qualquer oviposição na cultivar selvagem imune 'Arka Mahima'. Em seguida, a cv. Pusa Purple Cluster abrigou uma média de 25,75 ovos por planta. Foi seguida por Aruna e Gudadhi Local. A cv. suscetível Puneri Kateri foi considerada a mais preferida (69,25 ovos) entre as cultivares testadas para a postura de ovos pela traça fêmea da BSFB.

b. Teste de escolha única

Neste ensaio, também a cultivar de beringela selvagem "Arka Mahima" não registou a postura de ovos pela traça. Também neste ensaio se observou uma tendência semelhante de preferência pela postura de ovos.

c. Caraterísticas do tricoma

A cultivar selvagem imune Arka Mahima tinha uma pilosidade densa (651,85), seguida por Pusa Purple Cluster (418,69), Aruna (333,07) e Guddhi Local (287,73). A cv. Puneri Kateri apresentou pilosidade esparsa (258,74).

d. Comportamento das larvas neonatas até à pubescência

As larvas recém-eclodidas não atingiram o local normal de perfuração (rebento apical) em 'Arka Mahima' devido à densa pubescência e à aderência à superfície da folha. Apenas duas larvas em cinco atingiram o local de perfuração em Pusa Purple Cluster e Aruna. Em Gudadhi Local e na cv. Puneri Kateri, observou-se que três larvas atingiram com sucesso o rebento apical num período de tempo menor (40 a 60 minutos) em comparação com outras cultivares. As larvas que permaneceram na lâmina foliar, na nervura mediana, na nervura e no pecíolo acabaram por perecer, uma vez que não são locais normais de penetração.

7.2.2 Antibiótico

a. Criação da larva nos rebentos

As larvas de *L. orbonalis* Guen. quando criadas em rebentos de cultivares de cinco categorias diferentes apresentaram valores distintos. A porcentagem de sobrevivência das larvas, o peso ganho pela larva adulta, o peso da pupa, a porcentagem média de emergência de adultos, o índice de crescimento, a razão fêmea/masculino e a fecundidade média/fêmea foram encontrados em tendência crescente da cultivar altamente resistente 'PPC' para a suscetível 'Puneri Kateri'. As larvas criadas em rebentos de Arka Mahima selvagem não sobreviveram, pelo que todos os outros parâmetros não foram registados. Registou-se um período larvar e pupal prolongado quando as larvas foram alimentadas com a cv. PPC. No entanto, foi normal quando as larvas foram alimentadas com a suscetível 'Puneri Kateri'.

b. Criação da larva nos frutos

Verificou-se uma tendência semelhante à da criação de larvas em rebentos. As larvas criadas na cultivar imune Arka Mahima não sobreviveram. Todas as larvas morreram no seu primeiro instar e, por isso, as observações posteriores foram tratadas como zero.

As larvas criadas na cv. PPC registou a menor percentagem de sobrevivência (67,50%), peso ganho por larva adulta (78,25 mg), peso da pupa (42,25 mg), emergência de adultos (86,74%), relação fêmea/homem (0,88) e fecundidade/fêmea (68,50) com larva prolongada (16,18 dias) e período pupal (9,75 dias). No entanto, as larvas criadas em Puneri Kateri suscetível registraram maior porcentagem de sobrevivência (87,50%), peso ganho pela larva adulta (88,50 mg), peso da pupa (59,75 mg), emergência de adultos (95,75%), índice de crescimento (4,33), relação fêmea / macho (2,90) e fecundidade (102,35 ovos / fêmea) com períodos larvais mais curtos (13,93 dias) e pupas (8,12 dias).

Isto significa que a antibiose preferencial foi observada em cultivares altamente resistentes em comparação com as susceptíveis, o que subsequentemente ajuda a reduzir a população de pragas na geração seguinte.

7.2.3 Tolerância

Os dados dos estudos de rastreio foram utilizados para interpretar o mecanismo de tolerância da resistência em sete cultivares de beringela selecionadas de entre 24 entradas, com base na infestação de rebentos, na infestação de frutos (com base no peso) e no desempenho da produção. Cv. PPC e PK apresentaram maior tolerância, seguidos pelo híbrido Ravaiya e cv. Aruna. Cv. Chaitanya Sel.-5 e o híbrido Kalpataru não mostraram maior tolerância ao ataque da praga. Puneri Kateri não tem tolerância à praga e deu um rendimento comparativamente mais baixo.

7.3 Bases da resistência das plantas hospedeiras em brinjal

7.3.1 Base morfológica

Os caracteres morfológicos, nomeadamente a espessura do rebento, foram positivamente correlacionados com a infestação de rebentos. No entanto, a densidade de tricomas, o comprimento dos tricomas e a pilosidade foram negativamente correlacionados com a infestação de rebentos.

O diâmetro médio do fruto apresentou correlação positiva, enquanto o comprimento do fruto apresentou correlação negativa com a infestação de frutos. Além disso, verificou-se que a disposição das sementes era compacta na cultivar imune e altamente resistente, em comparação com a cultivar suscetível. A casca dura e espessa dos frutos da cultivar selvagem imune 'Arka Mahima' protegeu completamente do ataque da praga. A área de polpa macia e maior em Puneri Kateri e Gudadhi Local conferiu suscetibilidade.

7.3.2 Base bioquímica

Foram estimados os conteúdos bioquímicos em rebentos e frutos de brinjal que conferem resistência em cinco cultivares selecionadas de diferentes graus de resistência da planta hospedeira. Os dados revelaram que o teor de fibra bruta, o teor de cinzas, o teor de sílica e o teor de fenóis totais estavam negativamente correlacionados com a infestação de frutos e rebentos e que estes valores de constituintes bioquímicos foram encontrados a um nível mais elevado no genótipo selvagem imune Arka Mahima, seguido de Pusa Purple Cluster. Por outro lado, foram estimados valores mais baixos na cv. suscetível 'Puneri Kateri'. A cv. 'Aruna' apresentou um nível intermédio de bioquímicos.

Os aminoácidos desempenham um papel importante na suscetibilidade da cultivar à praga. Em geral, o conteúdo total de aminoácidos foi encontrado em menor número na cultivar imune e selvagem Arka Mahima e na cv. PPC em comparação com as restantes cultivares. A serina e a fenilalanina foram encontradas na cv. Aruna, Gudadhi Local e Puneri Kateri actuaram como estimulantes da alimentação. Enquanto que estes dois aminoácidos foram considerados fracos ou ausentes nas cultivares imunes e altamente resistentes.

7.4 Efeito de micronutrientes quelatados em *L. orbonalis*

Foram aplicadas pulverizações foliares em plantas susceptíveis em vasos de 'Puneri kateri'. As pulverizações incluíram diferentes micronutrientes quelatados, nomeadamente Zn-EDTA, Mg-EDTA quelatado, Fe-EDTA, complexo Bo-Fe (concentração de 2,00 ppm). As plantas não tratadas foram consideradas como controlo.

A percentagem de sobrevivência de larvas infestadas artificialmente foi baixa em plantas tratadas com Fe-EDTA e complexo Bo-Fe, seguida de plantas tratadas com Zn-EDTA e Mg. O peso das larvas sobreviventes também foi reduzido nas larvas que se alimentaram de plantas tratadas, em comparação com as plantas não tratadas. A oviposição também foi mínima nas plantas tratadas. Assim, a pulverização foliar de micronutrientes quelatados na cultivar suscetível 'Puneri Kateri' aumentou o nível de resistência. Nas plantas tratadas, o teor de cinzas foi relativamente mais elevado do que nas plantas não tratadas.

7.5 Reprodução para resistência

Foi levado a cabo um programa de cruzamentos no campo do Department of Agril. Entomology, Dr. PDKV,

Akola, de modo a desenvolver cruzamentos promissores contra *L. orbonalis*, utilizando fontes resistentes identificadas durante as presentes investigações.

Não foi observada a possibilidade de cruzamento entre cultivares de *S. melongena* e a Arka Mahima selvagem. O cruzamento entre 'Aruna' e *S. viarum* selvagem foi bem sucedido, mas registou-se uma fraca germinação. Gudadhi Local foi cruzado com sucesso com *S. indicum* selvagem, mas na geração Fi, as sementes não germinaram.

Foi obtido um cruzamento interespecífico bem sucedido de Gudadhi Local x *S. Incanum*. Para o cruzamento intraespecífico, o Pusa Purple Cluster e o Pusa Kranti, altamente resistentes, foram geralmente utilizados como progenitores masculinos. Os cruzamentos bem sucedidos obtidos foram Aruan X PPC, Suruchi-IO x PPC, Chaitanya x PK, Puneri Kateri x PPC. Estes cruzamentos F_i foram então selecionados quanto à sua resistência relativa em condições de campo.

7.5.1 Rastreio de F | contra *L. orbonalis*

Foram efectuados estudos sobre o rastreio de F_1 no campo do Department of Agril. Entomology, Dr. PDKV, Akola durante o verão de 2002.

a. Infestação de rebentos

F_i obtido do cruzamento, Aruna x PPC (1,11 %) e Suruchi-IO x PPC (1,33 %) mostrou menor infestação de brotos, seguido por F_1 Chaitanya x PK (2,85%), Puneri Kateri x PPC (4,19 %) e Gudadhi Local x *S. incanum* (4,28 %), PDKV x Shekta Local (5,14 %), Adoni Local x Malkapur Local (5,90 %). A cv. PPC teve novamente a menor infestação de rebentos em comparação com todas as outras cultivares.

b. Infestação de frutos

A menor infestação de frutos foi registada em Aruna x PPC (7.O4 %), Suruchi- 1O x PPC (8.42 %), seguido de Chaitanya x PK (11.58 %) e Gudadhi Local x *S. incanum* (14.26 %). Considerando que, a maior infestação de frutos entre os cruzamentos foi registada em Kanheri Local x Shekta Local (18,92 %), PDKV x Shekta Local (18,90 %) e Adoni Local x Malkapur Local (18,17 %). Mais uma vez, a menor infestação de frutos foi registada na variedade altamente resistente PPC (2,90 %). Por outro lado, a maior infestação de frutos foi registada na cultivar suscetível Puneri Kateri (30,55 %).

c . Rendimento de frutos comercializáveis

A produção de frutos comercializáveis foi mais alta em Aruna x PPC (0,940 kg/planta), seguida por Suruchi-10 x PPC (0,918 kg/planta), Gudadhi Local x *S. incanum* (0,905 kg/planta). No entanto, o rendimento mais baixo foi observado em Adoni Local x Malkapur Local (0,791 kg/planta), Kanheri Local x Shekta Local (0,738 kg/planta) e PDKV x Shekta Local (0,730 kg/planta) e Puneri Kateri (0,676 kg/planta).

CONCLUSÕES

1) Com base na classificação da resistência, os genótipos de brinjal viz., Pusa Purple Cluster, Pusa Kranti, Ravaiya, Kalia hybrid F_1 , Chu-Chu, Pusa Purple Long e Aruna emergiram como resistentes à BSFB e relativamente produtivos. Estes genótipos foram, por conseguinte, identificados como fonte de resistência para estratégias IPM.

2) Os genótipos de Brinjal foram classificados em diferentes graus de HPR. Os genótipos resistentes devido aos mecanismos de antixenose e antibiose, suprimiram o desenvolvimento da praga, enquanto os genótipos susceptíveis favoreceram o rápido desenvolvimento da praga.

3) Os caracteres morfológicos, ou seja, tricomas densos e mais longos, rebentos menos espessos mas duros, frutos de tamanho pequeno com cálice compacto e curto, disposição compacta das sementes no mesocarpo e casca dura dos frutos foram avaliados como caracteres importantes que conferem resistência à Brinjela a *L. orbonalis*.

4) Os factores bioquímicos também influenciaram grandemente a infestação da praga em diferentes genótipos. Um químico específico na planta tornou-a resistente à praga.

Foram encontradas correlações significativamente negativas entre a fibra bruta, o teor de cinzas, o teor de sílica e a infestação por pragas. Os fenóis totais também apresentaram uma correlação negativa, mas as diferenças não foram significativas.

5) Os híbridos Fi, Aruna x PPC e Suruchi-IO x PPC foram considerados comparativamente resistentes à praga, com maior rendimento do que os seus progenitores femininos.

6) A pulverização foliar de micronutrientes quelatados pode suprimir eficazmente a praga e conferir resistência à praga nas plantas de brinjal. Por conseguinte, podem tornar-se uma ferramenta importante no IPM da BSFB.

7) A cultivar selvagem de brinjal "Arka Mahima", considerada imune, foi identificada como a fonte de material genético mais valiosa para o criador.

LITERATURA CITADA

Agnihotri, N.P. (1999) : Pesticide safety evaluation and monitoring. ICAR Pubi. IARI, Nova Deli, pp. 67-78.

Anónimo, (2001) : Integrated pest management package for 'Brinjal' IPM package No. 22, Directorate of Pl. Prot. Quarantine and storage. Faridabad. pp. 4.

Anónimo, (2002) : *Krushimargadarshani* 2002. Dr. Panajabrao Deshmukh Krishi Vidyapeeth, Akola.

A.O.A.C. (1975) : Métodos oficiais de análise. 12th Edition. Association of official Analytical Chemist. Washington D.C. pp. 4-592.

Arycord, W.R. (1983) : "The nutritive value of Indian foods and planning of satisfactory diets" I.C.M.R. special report series No. 42.

Awasthi, A.K. (2000) : Rastreio preliminar de genótipos de brinjal a *Leucinodes orbonalis* (Guen.). *Insect Environment,* **6**(1) : 33-34.

Bajaj, K.L., D. Singh e G. Kaur (1989) : Bases bioquímicas da resistência relativa de campo da planta do ovo (*Solanum melongena* L.) à broca do rebento e do fruto (*Leucinodes orbonalis* Guen.). *Veg. Sci.*, **16**(2) : 145-149.

Behera, T.K., Narendra Singh e T.S. Kalda (1999a) : Diversidade genética em plantas de ovos para resistência à broca do rebento e do fruto. *Indian J. Hort.* **56**(3) : 259-261.

Behera, T.K., Narendra Singh, T.S. Kalda e S.S. Gupta (1999b) : Rastreio da incidência da broca do rebento e do fruto em genótipos de plantas de ovos nas condições de Deli. *Indian J. Ent.* **61**(4) : 372-375.

Behera, T.K. e Narendra Singh (2002): Hibridação interespecífica em plantas de ovos para resistência à broca do rebento e do fruto. *Capsicum and Egg Plant Newslett.*, **21** : 102-105.

Bray, H.G. e W.V. Thorpe (1954): Estimativa do fenol total em tecidos vegetais. *Meth. Biochem. Annal*, **1** : 27-52.

Butani, D.K. e S. Verma (1976) : Pragas dos produtos hortícolas e seu controlo-Brinjal. *Pesticidas* **10**(2) : 32-35, 38.

Butani, D.K. e M.G. Jotwani (1984): "*Insects in vegetables*". Periodical Expert Book Agency, D-42, VivekVihar, Delhi (Índia) : 6.

Chaudhary, B. (1977). " *Vegetables* ". National Book (8th Edn.) Trust, Índia: 48-55.

Dadmal,S.M.(2003). Tese de doutoramento apresentada ao Dr. PDKV, Akola (MS) Índia

Dadmal, S. M.S. B.Nemade e M.D.Akhare(2004).Seleção no terreno de cultivares de Brinjal para resistência a *Leucinodes orbonalis* Guen.Pest Management in Horticultural Ecosystem 10 (2):145-150

Dadmal, S. M. S. B. Nemade e M. D. Akhare (2004). Biochemical basis of resistance to *Leucinodes orbonalis* Guen. on Brinjal Pest Management in Horticultural Ecosystem 10 (2):185-190

Dadmal, S. M. (2004). Comportamento de larvas neonatas *de Leucinodes orbonalis* Guen. em tricomas de folhas de plantas de ovos PKV Res. J. 28 (2): 233-234

Dadmal, S. M. e S. S. Lande (2006). Mecanismo de antibiose e base bioquímica da resistência da planta hospedeira em variedades selecionadas de brinjal a *Leucinodes orbonalis* Guen. PKVRes. J.30 (1):55-60

Dadmal, S. M. e S. S. Lande (2006). Efeito dos micronutrientes quelatados na broca de Brinjal e na broca de frutos.PKV Res. J. 30 (2): 259-260.

Dadmal, S. M. e P. W. Nemade (2007). Mecanismo de antixenose da base morfológica da resistência em Brinjal a *Leucinodes orbonalis*. PKV Res. J. 31 (1): 39-44.

Dadmal, S. M. , P. W. Nemade & D.T Deshmukh (2008). Rastreio do híbrido F1 de Brinjal contra a broca do rebento e do fruto PKV Res. J. Vol 32 (1): 53-56 .

Darekar, K.S., B.P. Gaikwad e U.D. Chavan (1991): Rastreio de cultivares de plantas de ovos para resistência à broca do fruto e do rebento. *J. Maharashtra agric. Univ.*, **16**(3) : 366369.

Dash, A.N. e B.R. Singh (1990) : Reação no terreno de variedades de brinjal contra a broca dos rebentos e dos frutos, *Leucinodes orbonalis* Guen. (Pyraustidae : Lepidoptera).

EnvironmentandEcology, **8**(2) : 761-762.

Datar, V.V. e J.U. Ashtaputre (1984) : Controlo químico da broca do fruto e do rebento

(*Leucinodes orbonalis* Guen.) da brinjal com piretróides sintéticos. *South Indian Hort*, **32**(5) : 321-323.

Dhaliwal, G.S. e Ramesh Arora (1996) : Princípios da gestão das pragas de insectos. Natl. Agril. Tech. Infromation Centre, Ludhiana, pp: 101 - 102.

Dhankar, B.S., V.P. Gupta e Kirti Singh (1977): Estudos de rastreio e variabilidade da suscetibilidade relativa à broca do rebento e do fruto (*Leucinodes orbonalis* Guen.) em culturas normais e de soca de mandioca (*Solanum melongena* L.). *HaryanaJ. Hort. Sci.*, **6**(1-2) : 50-58.

Dhankar, B.S. e N.K. Sharma (1986) : Variabilidade em relação à infestação de brotos e frutos em brinjal. *Haryana J. Hort. Sci.*, **15**(3-4) : 243-248.

Dhooria M.S. and M.L. Chadha (1981) : A note on the incidence of shoot borer on different varieties of brinjal. *Punjab Hort. J.*, **21**(3-4) : 222-225.

Dighe, A.H., D.P. Kachare, U.D. Chavan e J.K. Chavan (1997) : Efeitos de caracteres morfológicos na composição nutricional de cultivares de brinjal. *J. Maharashtra agric. Univ.*, **22**(1) : 56-58.

Doshi, K.M., M.K. Bhalala, K.B. Kathiria e A.S. Bhauvadia (2002): Seleção de genótipos de beringela quanto ao rendimento, infestação por brocas de frutos, incidência de folhas pequenas e caraterísticas de qualidade. *Capsicum* and *Egg Plant Newslett.*, **21** : 100-101.

Dubois, M., K.A. Gilles, J.K. Hamilton, P.A. Robers e F. Smith (1956) : Método colorimétrico para a determinação de açúcares e substâncias afins. *Annal. Chem.*, **28** : 350-356.

*Duffey S.S. (1986) : Tricomas glandulares de plantas, o seu papel parcial na defesa contra insectos. *Insect* and *Plant Surface* : 151-152.

Duodu, Y.A. (1986) : Avaliação de campo de cultivares de plantas de ovos à infestação pela broca do rebento e do fruto, *Leucinodes orbonalis* (Lepidoptera : Pyralidae) no Gana. *TropicalPest Management*, **4** : 347-349, 362.

*Frempong E., (1979) : A natureza dos danos causados à planta do ovo (*Solanum melongena* L.) no Gana por duas pragas importantes, *Leucinodes orbonalis* Guen. e *Euzophera villora* (Fldr.) (Lepidoptera : Pyralidae). *Bulletin-de lTnstitute- Fundamental d'Afrique*, **41**(2) : 408-416.

Fukuda, T. (1956) : Formação de proteínas da seda durante o crescimento do bicho-da-seda (*Bombyx mori*). *Proc. 4th Int. Congr. Biochem.* Viena (editado por venven book, L. Pergamon Press, Londres, N.Y.).

Ghosh, Sunilkumar e S.K. Senapati (2001): Avaliação das variedades de brinjal habitualmente cultivadas na região de Terai, em Bengala Ocidental, contra o complexo de pragas. *Crop Res.*, **21**(2): 157-163.

Gill, Charanjit Kaur e M.L. Chadha (1979) : Resistência da brinjal à broca do rebento e do fruto *Leucinodes orbonalis* Guen. *IndianJ. Hort.*, **36**(1) : 67-71.

Gomez, K.A. e A.A. Gomez (1986) : Statistical Procedure for Agricultural Research. John Wiley and Sons. Nova Iorque. pp : 643 - 645.

Gowda, P.H.R., K.T. Shivashankar e S. Joshi (1990) : Hibridação interespecífica entre *Solanum melongena* e *Solanum macrocarpon* : Estudo de plantas híbridas F1. *Euphytica*, **48**(1) : 59-61.

Grewal, R.S. Dilbagh Singh e D. Singh (1995) : Caracteres do fruto de brinjal em relação à infestação por *Leucinodes orbonalis* Guen. *Indian J. Ent.*, **57**(4) : 336-343.

Hansraj, Deepa (2000) : Produção de sementes de produtos hortícolas: um empreendimento potencial em Ladakh. *Agric. Today*, (abril) pp. 48.

Isahaque, N.M.D. e R.P. Chaudhari (1984a) : Comportamento do desenvolvimento larvar de *Leucinodes orbonalis* Guen. Criado em algumas variedades de brinjal. *J. Res. Assam agric. Univ.*, **5**(1) : 93-97.

Isahaque, N.M.D. e R.P. Chaudhari (1984b) : Suscetibilidade comparativa de algumas variedades de beringela à broca do rebento e do fruto em Assam. *Indian J. agric. Sci.*, **54**(9) : 751-756.

Isley, D. (1928) : The relationship of leaf colour and leaf size to bollworm infestation.

J. econ. Ent., **21** : 553-559.

Jyani, D.B., N.C. Patel, H.C. Ratanpara, J.R. Patel e P.K. Borad (1995) : Varietal resistance in Brinjal to insect pests and diseases. *GAU. Res. J.*, **21**(1) : 59-63.

Kale, P.B., U.V. Mohod, V.N. Dod e H.S. Thakare (1986[a]) : Seleção de germoplasma de Brinjal (*Solanum* spp.) para resistência à broca do rebento e do fruto (*Leucinodes orbonalis* Guen.) em condições de campo. *Veg. Sci.*, **13**(2) : 376382.

Kale, P.B., U.V. Mohod, V.N. Dod e H.S. Thakare (1986[b]) : Biochemical composition in relation to resistance to shoot and fruit borer in brinjal. *Veg. Sci.*,**13**(2):412-421.

Kale, P.B. e R.V. Wankhede (1996) : "Brinjal". In: More, T.A.; P.B. Kale e B.W. Khule (eds.). Vegetable Seed Production Technology, Maharashtra State Seed Corporation Ltd., Akola. Índia, pp.: 55-61.

Kalloo, J. Dixit e K.S. Baswana (1991): Hisar Shyamal' é superior à 'BR-112' brinjal. *Indian Hort.*, **36**(2) : 29-34.

Kalode, M.B. e N.C. Pant (1967): Estudos sobre os aminoácidos, azoto, açúcar e teor de humidade das variedades de milho e sorgo e sua relação com a resistência a *Chilo zonellus* (Swinhoe). *IndianJ. Ent.*, **20** : 139-144.

Krishnaiah, K. e 0.P. Vijay (1975) : Avaliação de variedades de nabo silvestre quanto à resistência à broca do rebento e do fruto, *Leucinodes orbonalis* Guen. *Indian J. Hort.*, **32**(1) : 8486.

Krishnaiah, K; P.L. Tandon e N. Jagan Mohan (1978): Control of shoot and fruit borer of brinjal (*Leucinodes orbonalis* Guen.) with new insecticides, *Pesticides* **10**(6) : 41-42.

Kumar Ashok e Abhishek Shukla (2002): Preferência varietal da broca do fruto e do rebento, *Leucinodes orbonalis* Guen. em brinjal. *Insect Environment*, **8**(1) : 44-45.

Kumar N.K.K. e A.T. Sadashiva (1996) : *Solanum macrocarpon* : uma espécie selvagem de brinjal resistente à broca do brinjal e à broca do fruto, *Leucinodes orbonalis* Guen. *Insect Environment*, **2**(2) : 41-42.

Kumar, Manoj, H.H. Ram, Y.V. Singh e M. Kumar (1997) : Seleção e melhoramento para resistência a rebentos e frutos em brinjal. *Hort. recente*, **4** : 152-155.

Lall B.S. e S.Q. Ahmad (1965): biologia e controlo da broca do fruto e do rebento da brinjal, *Leucinodes orbonalis* Guen. *J. econ. Ent.*, **58**(3) : 448-451.

Lal, O.P., T.S. Varma, P.M. Bhagchandani, P.K. Sharma e J. Chandra (1976) : Resistência da brinjal à broca do rebento e do fruto, *Leucinodes orbonalis* Guen. (Pyralidae : Lepidotera). *Veg. Sci.*, **3**(2) : 111-115.

*Lal, O.P. (1991) : Resistência varietal da planta do ovo, *Solanum melongena*, contra a broca do rebento e do fruto, *Leucinodes orbonalis* Guen. (*Zeithschrift-fur-Pflanzenkrankheiten-undpflaneinschutz*, **98**(4) : 405-410.

Maithi, R.K, K.V. Seshu Reddy, Paul Gibson e J.C. Davis (1980) : Natureza e ocorrência de tricomas em linhas de sorgo com resistência à mosca do rebento do sorgo. *Instituto Internacional de Investigação Agrícola para os Trópicos Semi Áridos*, Patancheru, Índia. pp . 3-4.

Malik, A.S., B.S. Dhankar e N.K. Shrama (1986) : Variabilidade e correlações entre certos caracteres em relação à infestação da broca do rebento e do fruto (*Leucinodes orbonalis* Guen.) em brinjal. *Haryana agric. Univ. J. Res.*, **16**(3) : 259-265.

Mathur, Y.K. e K.D. Upadhyay (1999): Integrated management of crop pests. Aman Publishing house Meerut. pp. 25.

Mehata, Y.M. (1958) : "Brinjal vegetable growing in U.P." : 27 - 38.

Mehto, D.N. e B.S. Lall (1981) : Suscetibilidade comparativa de diferentes cultivares de brinjal contra a broca do fruto e do rebento da brinjal. *Indian J. Ent.*, **43**(1) : 108-109.

Mishra, N.C. e S.N. Mishra (1996) : Desempenho de variedades de Brinjal contra a broca do fruto e do rebento, *Leucinodes orbonalis* Guen. e a murcha, *Fusarium oxysporum* na zona nordeste de Ghat em Orissa. *Indian J. Plant Prot.*, **24**(1&2): 33-36.

Mishra, P.N., Y.V. Singh e M.C. Nautiyal (1988) : Seleção de variedades de brinjal para resistência à broca do rebento e do fruto (*Leucinodes orbonalis* Guen.) (Lepidoptera : Pyralidae). *South Indian Hort.*, **37**(4) : 188-192.

More, G.D. (1991) :Bionomics andan Integrated PestManagement approach towards shoot and fruit borer (*Leucinodes orbonalis* Guen.) (Pyralidae : Lepidoptera) on brinjal (*Solanum melongena* Linnaeus). Tese de doutoramento não publicada, Punjabrao Krishi Vidyapeeth, Akola (Índia). pp :

Mote,U.N. (1981) : Varietalresistance in egg plant to *Leucinodes orbonalis* Guen. screening under field conditions. *Indian J. Ent.*, **43**(1): 112-115.

Motiramani, D.P. e R.D. Wankhade (1971) : Laboratory manual in agricultural chemistry. 2nd Ed. Asian Publishers, Nova Deli, pp: 125-131.

Mukhopadhyay, A. e A. Mandal (1994) : Rastreio de brinjal (*Solanum melongena*) para resistência aos principais insectos nocivos. *Indian J. agric. Sci.*, **64**(11) : 798-803.

Muralikrishna, T.; O.P. Lal e Y.N. Srivastava (2001) : Extensão das perdas causadas pela broca do rebento e do fruto, *L. orbonalis* Guen. em variedades prometedoras de brinjal, *S. melongena* L. *J. ent. Res.*, **25**(3) : 205-212.

*Nathani,R.K. (1983) : Estudos sobre a suscetibilidade varietal e o controlo químico da broca do brinjal (*L. orbonalis* Guen). Resumos de teses da GAU, **9**:51.

Nawale R.N. e H.N. Sonone (1977): Avaliação no terreno de diferentes cultivares de brinjal para determinar a resistência a *Leucinodes orbonalis* Guen. *J. Maharashtra agric. Univ.*, **2**(2) : 184.

Painter, R.H. (1951) : Insect resistance in crop plants. Mac Millan, Nova Iorque: 520.

Panda, N., A. Mahapatra e M. Sahoo (1971) : Observações de campo de algumas variedades de brinjal quanto à resistência à broca do rebento e do fruto, *Leucinodes orbonalis* Guen. *IndianJ. agric. Sci.*, **41**(7) : 597 - 601.

Panda, R.N. e R.C. Das (1974) : Preferência de oviposição da broca do rebento e do fruto (*Leucinodes orbonalis* Guen.) por algumas variedades de brinjal. *South Indian Hort.* **22** : 46 - 50.

Panda, N. e R.C. Das (1975) : Fator de antibiose da resistência de variedades de brinjal à broca do rebento e do fruto, *Leucinodes orbonalis* Guen. *South Indian Hort.*, **23**(1) : 43 -48.

Panda, R. N., S. Bhaduri, S. Mohapatra e R.C. Das (1975) : Efeito de agentes quelantes na resistência de plantas de brinjal a *Leucinodes orbonalis* Guen. *South Indian Hort.*, **23**(3 & 4) : 141 - 144.

Patel, M.M., C.B. Patel e M.B. Patel (1995) : Screening of brinjal varieties against insect pests. *GAURes. J.*, **20**(2) : 98 - 102.

Patil, P.D. (1990) : Técnica de criação em massa da broca do fruto e do rebento do brinjal, *Leucinodes orbonalis* Guen. *J. ent. Res.*, **14**(2) : 164- 172.

Patil, B.R. e D.S. Ajri (1993) : Estudos sobre os factores biofísicos associados à resistência à broca do rebento e do fruto (*Leucinodes orbonalis* Guen.) em brinjal (*S. melongena* L.) *Maharashtra J. Hort.*, **7**(2) : 75-82.

Patil, B.R., D.S. Ajri e G.D. Patil (1994) : Estudos sobre a composição proximal de algumas cultivares melhoradas de brinjal. *J. Maharashtra agric. Univ.*, **19**(3) : 366 -369.

Peswani, K.M. and R. Lal (1964) : Estimationoflosses ofbrinjal fruits caused by shoot and fruit borer, *Leucinodes orbonalis. Indian J. Ent.*, **26**(1) : 112-113.

Pradhan, S. (1969) : 'Insect Pests ofCrops'.National BookTrust, New Delhi, India. pp. 105 - 107: 105 - 107.

Prem Kishore (2001): Situação atual da resistência das plantas hospedeiras no sorgo na Índia. *J. ent Res.* **25**(1): 1 -20.

Raju, B., G.P.V. Reddy, M.M.K. Murthy e U.D. Prasad (1987) : Factores bioquímicos x na resistência varietal da planta do ovo ao malhado e à broca do rebento e do fruto. *IndianJ. agric. Sci.*, **57**(3) : 142 - 146.

Ranjan, J.K. e A.K. Chakrabarti (2002): Alterações bioquímicas durante o desenvolvimento do fruto na planta do ovo (*Solanum melongena* L.). *Capsicum* and *Egg Plant Newslett.*, **21** : 93-95.

Ranganna, S. (1977) : Manual of analysis of fruit and vegetable products. Tata McGraw Hill Publishing Company Ltd., Nova Deli. pp :

Rao, G.R. (1981[a]) : Resultados da polinização cruzada interespecífica entre *S. melongena* L. e *S. incanum* L. na criação de ovos. *Proc.* of the *Indian Natl. Sci. Acad.*, **47**(6) : 893-898.

Rao, G.R. (1981[b]): Investigação sobre citogenética e desenvolvimento de germoplasma melhorado de plantas de ovos resistentes. *Proc. Indian Acad.* of *Sci. Pl. Sci.*, **90**(1) : 59-69.

Raut, U.M. e H.N. Sonone (1980) : Tolerância de variedades de brinjal à broca do rebento e do fruto (*Leucinodes orbonalis* Guen.). *Veg. Sci.*, **7**(1) : 74-78.

Reddy, P.N., B.B. Madalageri e J. Abbashuseen (1988): Investigações sobre o desempenho varietal, espaçamento e fertilização em brinjal (*Solanum melongena* L.). *MysoreJ. agric. Sci.*, **22**(4) : 490-492.

Satrosiswojo, S. (1994) :[i] IntegratedPestManagementenf in vegetable production. *Ata Hort.* **369** : 85-95.

Sell, D.K. e C.H. Schmidi (1968): Os agentes quelatantes suprimem a população da lagarta da couve. *J. econ. Ent.*, **61** : 946-949.

Shah, S.S.P., S.C. Gupta e S.S. Yazdani (1995) : População larvar de *L. orbonalis* Guen. em diferentes cultivares de brinjal. *J. Res.*, **7**(1) : 79-81.

Sharma, N.K., B.S. Dhankar e M.L. Pandita (1985): Estudos de inter-relação e análise de trajetória para o rendimento e suscetibilidade a componentes da broca do rebento e do fruto em brinjal. *HaryanaJ. Hort. Sci.*, **14**(1-2) : 114-117.

Sharma Vinod, Ramesh Lal e Anil Choudhary (2001) : Rastreio do germoplasma de brinjal (*Solanum* spp.) contra a broca do rebento e do fruto, *Leucinodes orbonalis* Guen.

InsectEnvironment, **7**(3) : 126-127.

Shelke, S.D. (1989) : Morpho-Biochemical basis of resistance to brinjal shoot and fruit borer (*Leucinodes orbonalis* Guen.). Unpub. Tese de Mestrado. MAU Parbhani. pp :

Shrinivasan, P.M. e M. Basheer (1961) : Algumas espécies de brinjal resistentes à broca. *Indian Fmg.*, **11**(8) : 19.

Singh, H.B. and S.M. Sikka (1955) : The pusa brinjal should interest you. *Indian Fmg.*, **5**(2) :18-21 (*Hort. Abst.* **25** : 4060).

Singh, K.M., T.N. Pandey e T.P.S. Teotia (1971) : Uma análise qualitativa dos aminoácidos livres nas fases de desenvolvimento de *Leucinodes orbonalis* Guen. *Indian J. Ent.*,**33** : 152-157.

Singh, Dilbagh e A.S. Sidhu (1986) : Gestão do complexo de pragas em Brinjal. *Indian J. Ent.*,**43**(3):305-311.

Singh, T.H. e T.S. Kalda (1997): Fonte de resistência à broca do rebento e do fruto na planta do ovo (*Solanum melongena* L.). *PKVRes. J.*, **21**(2) 126-128.

Singh Sardar e M.S. Guram (1967): Ensaios para o controlo da broca do fruto e do rebento da brinjal. *Boletim de proteção das plantas*. Nova Deli **3** : 13-17.

Singh Y.P. e P.P. Singh (2001) : Biologia da broca do rebento e do fruto (*L. orbnonalis* Guen.) da planta do ovo (*Solanum melongena* L.) em colinas de altitude média de Meghalaya. A) Caracteres morfológicos das fases de desenvolvimento. *Indian J. Ent.*, **63**(3) : 221-226.

Alguns Choudhary, A.K. (1973) : Estudos comparativos sobre a eficácia de dois insecticidas modernos no controlo da broca do rebento e do fruto do brinjal. *Pesticidas*, **7**(8) : 45-46.

Sridhar, V., O.P. Vijay e G. Naik (2001) : Avaliação no terreno de germoplasma de brinjal (*Solanum* spp.) contra a broca do rebento e do fruto, *Leucinodes orbonalis* Guen. *Insect Environment*, **6**(4) : 155-156.

Srinivasan, P.M. and R.B. Gowder (1959) : A note on the control of brinjal shoot and fruit borer *Leucinodes orbonalis* Guen. *Indian J. of Agri. Sci.* **29** : 71-73.

Srinivas, S.V. e C. Peter (1995) : Avaliação no terreno de cultivares de brinjal contra a broca do rebento e do fruto. *J. InsectSci.*, **8**(1): 98-99.

Srivastava, K.P. (1993) : Um livro de texto de Entomologia Aplicada. Vol. II. Kalyani Publishers, Índia, pp. 55-309.

Subbaratnam, G.V. and D.K. Butani (1981) : Screening of egg plant varieties for resistanceto insectpestcomplex. *VegSci.*, **8**(2) : 149-153.

Taley, Y.M., V.S. Vibhute e B.S. Rajurkar (1984) : Bionómica da broca do rebento e do fruto do brinjal, *L. orbonalis* Guen. *PKVRes. J.*, **8**(1) : 29-33.

Tejavathu, H.S., T.S. Kalda e S.S. Gupta (1991) : Nota sobre a resistência relativa à broca do rebento e do fruto na planta do ovo. *Indian J. Hort.*, **48**(4) : 356-359.

Tewari, G.C. e P.N.K. Moorthy (1985) : Resposta de campo de variedades de plantas de ovos à infestação por brocas de rebentos e frutos. *Indian J. agric. Sci.*, **53**(2) : 82-84.

Thakre, R.D. e P. P. Khode (1992): Nityopayogi Aushadhi Va Sugandhi Vanaspati (Marathi). Publicado pela Direção de Educação de Extensão, PKV, Akola, pp. 5-7.

Thanki, K.V. e J.R. Patel (1991) : Avaliação no terreno de algumas variedades de brinjal quanto à resistência a pragas de insectos e doenças nas condições do Norte de Gujrath. *GAURes. J.*, **16**(2) : 94-97.

Thomson, C.H. e C.W. Killey (1957) : Vegetable crops' McGraw Hill Book Co. Inc. USA :611.

Tomar, B.S. e T.S. Kalda (1996) : "Is egg plant nutritious?". *TVISNewslett.*, **1**(1) : 26.

Wyatt, G.R. (1961) : The Biochemistry of Insect Hamemolymph. *Ann. Rev. Ent., 6* : 75- 102.

Yein, B.R. e Y. Rathaiah (1984): Incidência no campo da broca do rebento e do fruto e da murchidão bacteriana em algumas cultivares promissoras de mandioquinha e o seu rendimento. *J. Res. Assam agric. Univ.*, **5**(1) : 104-110.

Yoshida, S., A. Farna, J. Coak e K. Gomes (1976) : Manual de laboratório para o estudo fisiológico do arroz. IRRI Publ. pp :

(* Original não visto).

yes

I want morebooks!

Buy your books fast and straightforward online - at one of world's fastest growing online book stores! Environmentally sound due to Print-on-Demand technologies.

Buy your books online at
www.morebooks.shop

Compre os seus livros mais rápido e diretamente na internet, em uma das livrarias on-line com o maior crescimento no mundo! Produção que protege o meio ambiente através das tecnologias de impressão sob demanda.

Compre os seus livros on-line em
www.morebooks.shop

info@omniscriptum.com
www.omniscriptum.com

Printed by Books on Demand GmbH, Norderstedt / Germany